精品课程新形态教材
21 世纪应用型人才培养系列教材
新时代创新型人才培养精品教材

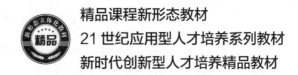

土木工程制图（含习题集）

主编 田福润 黄 坤 陈 璐

西北工业大学出版社
西 安

【内容简介】 本书依据教育部有关高等教育的基本要求和最新颁布的国家制图标准编写而成,对基础理论部分本着够用为度的原则,结合工程实际,做到理论联系实际,着重培养学生的绘图和读图能力。

全书共分 11 章,主要包括制图的基本知识与技能,投影基础,立体的投影,轴测投影,组合体,形体表达方法,建筑施工图,结构施工图,给水排水工程图,采暖工程图,道路、桥梁工程图等内容。

本书(配有《土木工程制图习题集》)可作为普通高等院校土木工程、建筑工程、工程管理、交通与道桥工程、给水排水工程、供暖与通风等专业制图课程教材,亦可供工程技术人员自学和参考。

图书在版编目(CIP)数据

土木工程制图 / 田福润,黄坤,陈璐主编. —西安:
西北工业大学出版社,2022.7(2024.8 重印)
ISBN 978-7-5612-8267-0

Ⅰ.①土… Ⅱ.①田… ②黄… ③陈… Ⅲ.①土木工程-建筑制图-高等学校-教材 Ⅳ.①TU204.2

中国版本图书馆 CIP 数据核字(2022)第 124701 号

TUMU GONGCHENG ZHITU
土 木 工 程 制 图
主 编 田福润 黄 坤 陈 璐

责任编辑:付高明 杨丽云		装帧设计:尤 岛
责任校对:卢颖慧		
出版发行:西北工业大学出版社		
通信地址:西安市友谊西路 127 号		邮编:710072
电 话:(029)88491757,88493844		
网 址:www.nwpup.com		
印 刷 者:涿州汇美亿浓印刷有限公司		
开 本:787 mm×1 092 mm		1/16
印 张:27.5		
字 数:606 千字		
版 次:2022 年 7 月第 1 版		2024 年 8 月第 2 次印刷
书 号:ISBN 978-7-5612-8267-0		
定 价:78.00 元(含习题集)		

《土木工程制图》编写委员会

主　编：田福润　黄　坤　陈　璐

副主编：祝艺丹　曹文龙　肖文淇

编　者：田福润　黄　坤　陈　璐
　　　　祝艺丹　曹文龙　肖文淇

前　言

　　土木工程制图是一门研究用投影法绘制工程图样的学科。工程技术人员的设计意图只有通过图样才能确切地表达出来，施工人员或生产制造者也只有在看懂工程图样的前提下，才能依据图样进行建筑施工或制造机器。由此可见，工程图样是工程界用以表达和交流技术思想的工具之一，具有"工程界的技术语言"之称。党的二十大报告中提出："教育、科技、人才是全面建设社会主义现代化国家的基础性、战略性支撑"。

　　本书是笔者在多年来的教学经验和教学实践的基础之上，汲取许多院校教学改革和教材建设的成功经验，并依据最新国家标准和规范编写而成的。

　　本书以培养学生创新能力和综合素质为出发点，把过去的工程图学教育"知识、技能"型培养模式转换成新世纪的"知识、技能、方法、能力、素质"型的综合培养模式。

　　本书具有以下特点：

　　1. 以应用定位为出发点，基础理论删除点、线、面部分内容，以"必须、够用"为度，以学以致用、学用结合的原则安排相关知识，突出工程实践应用，重视素质教育。

　　2. 加强组合体与视图表达。组合体与视图表达仍然是本门课程的教学重点，增加组合体图例分析和表达方案的对比，强化组合体的读图和视图表达的训练，以利于学生掌握读图与视图的表达方法，提高读图与视图表达的能力。

　　3. 采用最新国家标准。国家制图标准是使图样能成为工程界共同语言的支撑。为了使本书更加规范，笔者在详细解读国家标准的基础上，以十分严谨的态度贯彻执行书中涉及的最新标准，与国内相关学科同步发展。

　　4. 专业图方面在土木工程制图部分介绍了房屋建筑施工图、结构施工图、给水排水施工图、道道桥梁工程图，较全面地概括了土木工程制图的内容，拓宽了本书的知识面。

　　本书建议学时为48~60学时，各校可根据实际情况安排教学，根据专业适当删减学时。本书由田福润、黄坤、陈璐任主编，祝艺丹、曹文龙、肖文淇任副主编。具体编写分工如下：第1章由肖文淇老师编写，第2章、第9章由田福润老师编写，第3章、第11章由黄坤老师编写，第4章、第6章由陈璐老师编写，第5章、第8章、第10章由祝艺丹老师编写，第7章由曹文龙老师编写。

　　在本书的编写过程中参阅了大量图书和相关资料，参考了部分同类教材习题集等（见书后的"参考文献"），在此谨向文献的作者表示诚挚的感谢。

　　本书和《土木工程制图习题集》配套使用。

　　由于水平有限，书中疏漏之处在所难免，敬请各位专家、学者不吝赐教，欢迎读者批评指正。

　　此外，编者还为广大一线教师提供了服务于本教材的教学资源库，有需要者可致电13810923652或发邮件至1173355836@ qq. com 获取。

编　者

目　　录

绪　论

课程目标 >

- 了解本课程的研究对象、性质和任务，对土木工程制图课程有个梗概的了解。
- 清楚本门课程有哪些内容，每部分内容在课程中的地位。
- 掌握制图课程的学习方法及在学习中应该注意的问题。

思政目标 >

　　通过绪论的学习，从图学发展史历程入手，对学生开展爱国主义教育，增强民族自豪感。以新时代工匠精神为目标，将工匠精神的精益求精、敬业奉献、持续专注等优秀品质贯穿到课程中。

1. 本课程的研究对象、性质与任务

　　一切现代工程，不论是建造工厂、商场、办公楼、住宅，还是修建一条道路、一座桥梁等，都要根据工程图样进行施工。工程图样是土木工程不可缺少的重要技术资料和技术文件，所有从事工程技术工作的人员，都必须具备绘制和阅读工程图样的能力。工程图样也是工程技术人员进行技术交流必不可少的工具，是工程界共同的技术语言。每位工程技术人员都必须掌握这种语言，否则就无法从事工程技术工作。

　　工程制图是研究工程图样的绘制、表达和阅读的一门技术基础课。工程图样是按一定的投影方法和技术规定绘制的用于工程施工或产品设计制造等用途的图样，如建筑施工图、结构施工图、设备施工图、路桥施工图等。

　　本课程的主要任务如下：

　　(1) 学习正投影的基本理论及其应用。

　　(2) 培养空间思维能力、形体表达能力。

　　(3) 培养绘制和阅读建筑图，给水排水与采暖图，道路、桥梁图的基本能力。

　　(4) 培养徒手绘图和尺规绘图的能力。

　　(5) 培养查阅有关制图国家标准和设计资料的能力。

　　(6) 培养认真负责的工作态度和严谨细致的工作作风。

2. 本课程的主要内容

"土木工程制图"是一门既有理论又有实践的技术基础课，它研究工程图样的绘制和阅读，主要为后续课程的学习以及今后工作绘图与识图打下基础。本课程包括制图基本知识、制图基础和专业制图三部分内容。

（1）制图基本知识：主要介绍国家标准技术制图的基本规定和制图基本技能。通过学习这部分内容，应熟悉制图国家标准的基本规定，学会正确使用绘图工具和仪器，掌握绘图的方法和技巧。

（2）制图基础：主要介绍投影概念、三视图的形成、基本立体、组合体、轴测图和形体表达方法，为学习专业制图打下坚实的基础。通过学习这部分内容，应掌握正投影法表示空间形体的方法，应具有绘制与阅读空间物体投影图的能力。这部分内容主要培养学生的空间逻辑思维能力和形象思维能力。

（3）专业制图：主要介绍建筑施工图、结构施工图、设备施工图和道桥工程图等专业图样的识读方法。通过学习这部分内容，应熟悉相关专业图样的图示内容和特点，包括专业制图有关标准规定的图示特点、表达方法、视图配置、比例、图线、尺寸标注等。

3. 本课程的学习方法

"土木工程制图"是一门既有一定理论知识，实践性又很强的课程，要想学好本课程，就必须做到以下几点。

（1）由物画图、由图想物。本课程的核心内容之一是如何用二维平面图形来表达三维空间形体，以及由二维平面图形想象三维空间形体的形状。因此，学习本课程的主要方法是自始至终要把物体的投影与物体的形状紧密联系在一起，不断"由物画图"和"由图想物"，既要考虑投影图的形成，又要想象物体的形状，在图、物的相互转换过程中，逐步提高绘图能力和空间想象能力。

（2）学、练相结合。在认真学习基本理论的同时，应配合教学进度独立完成一定数量的习题和作业，要求多看、多想、多实践、多总结，才能逐步提高空间想象能力和空间构思能力。

（3）严格遵守《房屋建筑制图统一标准》（GB/T 50001—2019）的有关规定，学会查阅有关标准和资料的基本方法。

（4）注重自学能力的培养。上课前应预习教材的有关内容，然后带着疑问有目的地去听课。课后认真、独立地完成作业，以便有效地掌握和巩固所学知识。

（5）培养认真负责、一丝不苟的工作作风。图样是建筑施工和指导生产的技术文件，绘制出的图样绝不容许出现差错，读图时也不应产生误解，否则会发生"差之毫厘、谬以千里"的错误，给生产造成损失。因此，在学习过程中，必须养成严肃、认真、细致、踏实的工作作风。

第1章 制图的基本知识与技能

本章导读

工程图样作为工程界的共同语言，是工程建筑和产品设计、施工与制造等过程中的重要技术资料，是技术交流的重要工具。为便于绘制、阅读、管理和交流，必须对图样的画法、尺寸标注等方面作出统一规定，这个规定就是制图标准。工程技术人员必须熟悉并遵守有关制图标准，才能保证绘图及读图的顺利进行。本章主要介绍《房屋建筑制图统一标准》（GB/T 50001—2019）中的部分内容，并对常用绘图工具的使用、几何作图、绘制工程图样的方法等，作一些简要介绍。

技能目标

- 掌握国家标准中有关图纸幅面、图线、字体和比例的有关规定。
- 掌握尺寸标注的基本规定，能够判别图线画法和尺寸标注中的错误。
- 能够正确使用绘图工具及仪器熟练地绘制几何图形。
- 掌握简单平面图形的分析方法、作图步骤及尺寸标注。

思政目标

结合我国制图标准的历史沿革，融入新中国一切从无到有的奋斗历史和国家情怀。从学生绘制工程图样要严格遵守国家制图标准规定之中，培养学生严肃认真的工作态度和一丝不苟的工作作风，保证将来在工作岗位上不至于出现差错而造成经济损失。

1.1 国家制图标准的基本规定

1.1.1 图纸幅面和标题栏

图纸的幅面是指图纸尺寸规格的大小。图纸幅面及图框尺寸，应符合图 1-1 的规定及

表 1-1 的格式。一般 A0～A3 图纸宜横式使用，必要时也可立式使用。如果图纸幅面不够，可将图纸长边加长，短边不得加长。图纸长边加长后的尺寸，可查阅 GB/T 50001—2019。

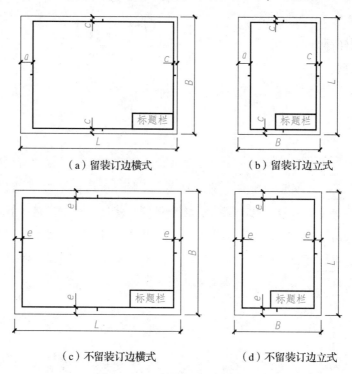

（a）留装订边横式　　　　　　　（b）留装订边立式

（c）不留装订边横式　　　　　　（d）不留装订边立式

图 1-1　图纸幅面及图框的格式

表 1-1　图纸幅面和图框尺寸　　　　　　　　　　（单位：mm）

幅面代号	A0	A1	A2	A3	A4
$B×L$	841×1 189	594×841	420×594	297×420	210×297
e	20			10	
c	10			5	
a	25				

GB/T 50001—2019 对图纸标题栏的尺寸、格式和内容都有规定，根据工程需要选择确定其尺寸、格式及分区。对于学生在学习阶段的制图作业，建议采用图 1-2 所示的标题栏，并画在图纸图框线的右下角。

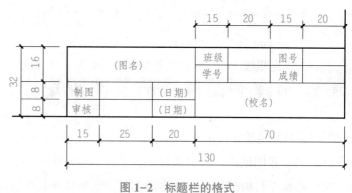

图 1-2　标题栏的格式

1.1.2 图线

1. 线型与线宽

任何工程图样都是由图线绘制而成的。不同的线型代表不同的内容，建筑工程制图中的各类图线的线型、线宽、用途见表 1-2。

表 1-2 线型

名　称		线　型	线　宽	用　途
实线	粗		b	主要可见轮廓线
	中粗		$0.7b$	可见轮廓线、尺寸起止符号斜短线
	中		$0.5b$	可见轮廓线、变更云线
	细		$0.25b$	尺寸线、尺寸界线、图例填充线、家具线
虚线	粗		b	见各有关专业制图标准
	中粗		$0.7b$	不可见轮廓线
	中		$0.5b$	不可见轮廓线、图例线
	细		$0.25b$	图例填充线、家具线
单点长画线	粗		b	见各有关专业制图标准
	中		$0.5b$	见各有关专业制图标准
	细		$0.25b$	中心线、对称线、轴线等
双点长画线	粗		b	见各有关专业制图标准
	中		$0.5b$	见各有关专业制图标准
	细		$0.25b$	假想轮廓线、成型前原始轮廓线
折断线	细		$0.25b$	断开界线
波浪线	细		$0.25b$	断开界线

图线的宽度 b 宜从 2.0 mm、1.4 mm、1.0 mm、0.7 mm、0.5 mm、0.35 mm、0.25 mm、0.18 mm、0.13 mm 线宽系列中选取。常见的粗线线宽 b 值为 1.4 mm、1.0 mm、0.7 mm、0.5 mm，在选定粗线线宽 b 值之后，中粗线线宽为 $0.75b$，中线线宽为 $0.5b$，细线线宽为 $0.25b$，即 $4:3:2:1$。

2. 图线画法

在图线与线宽确定之后，具体画图时还应注意如下事项：

(1) 同一张图纸内，相同比例的各图样，应选用相同的线宽组。

(2) 相互平行的图线，其净间隙不宜小于 0.2 mm。

（3）如图 1-3（a）所示，虚线、单点长画线、双点长画线的线段长度和间隔，宜各自相等。

（4）如图 1-3（b）所示，单点长画线或双点长画线当在较小图形中绘制有困难时，可用细实线代替，两端超出轮廓线 3~5 mm。

（5）如图 1-3（c）所示，虚线与任何图线交接时，应是线段交接，但当虚线为实线的延长线时，不得与实线相接，应留有间隙。

（6）图线不得与文字、数字或符号重叠、混淆，不可避免时，应首先保证文字的清晰。

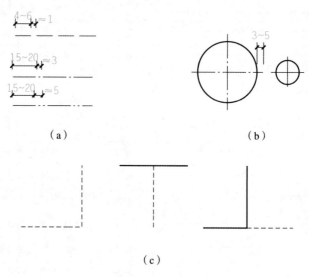

（a）

（b）

（c）

图 1-3　图线画法

1.1.3　字体

图纸上所需的文字、数字或符号等，均应笔画清晰、字体端正、排列整齐；标点符号应清楚正确。按《房屋建筑制图统一标准》（GB/T 50001—2019）规定，字体的号数即为字体高度 h，应从下列系列中选用：20、14、10、7、5、3.5、2.5、1.8。

1. 汉字

按 GB/T 50001—2019 规定，图样及说明中的汉字，宜采用长仿宋字或黑体字。当前常用长仿宋字。长仿宋字的高宽比一般为 $\sqrt{2}$：1，字高应不小于 3.5 mm；高度为 20 mm、14 mm、10 mm、7 mm、5 mm、3.5 mm 的字体，其宽度分别对应为 14 mm、10 mm、7 mm、5 mm、3.5 mm、2.5 mm。汉字的简化字书写应符合国家有关汉字简化方案的规定。

开始学写仿宋字体时，要先按照字号画好字格，然后按仿宋字的书写要领书写，即横平竖直，注意起落，填满方格。结构匀称的书写要领在字格内练习，经多次练习就会逐渐熟能生巧，书写自如。长仿宋字的基本笔画与结构特点见表 1-3。左侧表格为仿宋字的基本笔画，右侧表格为字体的结构特点的示例。

表 1-3　长仿宋字的基本笔画与结构特点

字体	点	横	竖	撇	捺	挑	折	钩
形状	ハ	一	丨	ノ	＼	ノ	丁	凵
运笔	ハ	一	丨	ノ	＼	ノ	丁	凵

字体	梁	板	门	窗
结构				
说明	上略大下略小	左小右大	缩格书写	上小下大

2. 字母和数字

GB/T 50001—2019 规定，图样及说明中的拉丁字母、阿拉伯数字与罗马数字的字高 h，应不小于 2.5 mm，宜采用单线简体或 ROMAN 字体。通常有直体和斜体两种书写方式，当需写成斜体字时，其斜度应是从字的底线逆时针向上倾斜 75°，斜体字的高度与宽度应与相应直体字相等。图 1-4 为斜体字的拉丁字母、阿拉伯数字、罗马数字的字体示例。

图 1-4　拉丁字母、阿拉伯数字、罗马数字的字体示例

1.1.4　比例

图样中的比例是指图形与实物相对应的线性尺寸之比。绘制图样时，可根据实物的大小选择不同的比例。如原值比例 1∶1，缩小比例 1∶2、1∶100，放大比例 2∶1，等等，建筑物往往用缩小的比例绘制图样，而对较小或者较复杂的部分用较大的比例绘制，原值比例更能体现物体实际大小的真实概念。无论采用何种比例绘图，图中所标注的尺寸均为物体的实际尺寸，与比例无关。

比例宜注写在图名的右侧，字的基准线应取平齐，比例字体的字高宜比图名字高小一号或两号，如图 1-5 所示。

平面图 1∶100　⑤ 1∶10

图 1-5　比例注法

绘图所用的比例应根据图样的用途与被绘对象复杂程度，从表1-4中选用，并应优先采用表中常用比例。

表1-4　绘图所用的比例

常用比例	1∶1、1∶2、1∶5、1∶10、1∶20、1∶30、1∶50、1∶100、1∶200、1∶500、1∶1 000、1∶2 000
可用比例	1∶3、1∶4、1∶6、1∶15、1∶25、1∶40、1∶60、1∶80、1∶250、1∶300、1∶400、1∶600、1∶10 000、1∶20 000、1∶50 000、1∶100 000、1∶200 000

1.1.5　尺寸标注

1. 基本规定

图样上的尺寸应包括尺寸线、尺寸界线、尺寸起止符号和尺寸数字四要素［见图1-6（a）］。

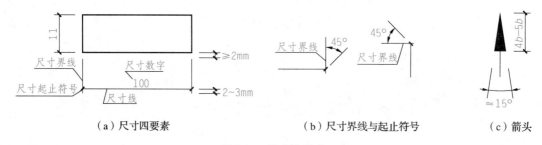

（a）尺寸四要素　　　　　　　　（b）尺寸界线与起止符号　　　　　（c）箭头

图1-6　尺寸的组成

尺寸线、尺寸界线用细实线绘制，尺寸线应与被注线段平行，图样本身的任何图线均不可用作尺寸线；尺寸界线应与被注长度垂直，图样轮廓线可用作尺寸界线，其一端应离开图样轮廓线不小于2 mm，另一端宜超出尺寸线2~3 mm，如图1-6（a）所示。

土木工程图线性尺寸起止符号用中粗斜短线绘制，其倾斜的方向应与尺寸界线成顺时针45°角，长度宜为2~3 mm，如图1-6（b）所示。半径、直径、角度、弧长的尺寸起止符号，宜用箭头表示，箭头的画法如图1-6（c）所示。

图样上的尺寸应以尺寸数字为准，不得从图上直接量取。除标高及总平面图以米（m）为单位外，其他必须以毫米（mm）为单位。

尺寸数字的方向，应按图1-7（a）的规定注写。为保证图上的尺寸数字清晰，任何图线不得穿过尺寸数字，不可避免时，应将图线断开。若尺寸数字在30°斜线区内，可按图1-7（b）的形式注写。

2. 尺寸的排列与布置

尺寸的排列与布置应注意以下几点［见图1-7（c）］：

（1）尺寸宜标注在图样轮廓线以外，不宜与图线、文字及符号相交，必要时也可标注在图样轮廓线以内。

（2）互相平行的尺寸线，应从被注的图样轮廓线由近向远整齐排列，较小尺寸应离轮廓线较近，较大尺寸应离轮廓线较远。

（3）图样轮廓线以外的尺寸线距图样最外轮廓线之间距离不小于 10 mm，平行排列的尺寸线的间距宜为 7～10 mm，并应保持一致。

（4）总尺寸的尺寸界线，应靠近所指部位，中间的分尺寸的尺寸界线可稍短，但其长度应相等。

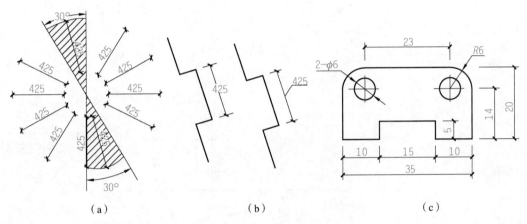

图 1-7　尺寸数字的注写方向和位置

3. 尺寸标注的其他规定

（1）直径的尺寸标注。如图 1-8 所示，圆及大于半圆的圆弧，应标注直径。标注圆的直径尺寸时，应在直径数字前加注直径符号"ϕ"，在圆内标注直径的尺寸线应通过圆心，两端画箭头并指到圆周，较小圆的直径可标注在圆外。

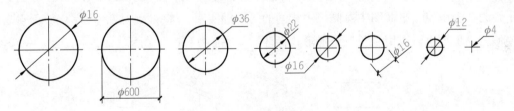

图 1-8　直径的标注

（2）半径的尺寸标注。如图 1-9 所示，半圆或小于半圆的圆弧，应标注半径。在半径数字前加注半径符号"R"，标注半径的尺寸线应一端从圆心开始，另一端画箭头至圆周。较大半径的圆弧可按上面两个图例标注，画较小半径的圆弧可按下面五个图例形式标注。

（3）薄板厚度和正方形的尺寸标注。如图 1-10（a）所示，在薄板面标注厚度时，应在板厚度数值前加厚度符号"t"。标注正方形的尺寸可在数字前加正方形符号"□"，即"□30"，如图 1-10（b）所示，也可用"边长×边长"的形式标注，即"50×50"的形式标注。值得注意的是，在同一图形的尺寸标注中，宜采用同一种标注形式，图 1-10（b）只为节省一个图形的位置而采用了两种不同的标形式。

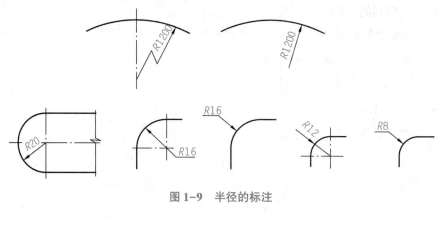

图 1-9 半径的标注

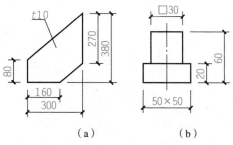

图 1-10 薄板厚度和正方形的尺寸标注

（4）坡度的标注。如图 1-11（a）所示，标注坡度时，应在坡度数字前标注坡度符号，坡度符号为单面箭头，箭头指向下坡方向。2% 表示每 100 个单位长度沿其垂直方向上升 2 个单位。图 1-11（b）所示的坡面是用数比表示的，1∶2 表示每上升 1 个单位，水平距为 2 个单位。平面图中右侧长短相间的等距细实线，称为示坡线，表示该坡面自右向左倾斜。坡度也可以用直角三角形形式标注，如图 1-11（c）所示。

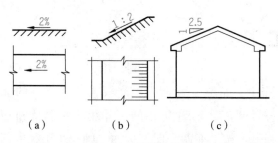

图 1-11 坡度的标注

（5）角度、弧长的标注。如图 1-12（a）所示，角度的尺寸线应以圆弧表示，圆心是顶角，尺寸界线是角边线，尺寸起止符号用箭头表示，角度数字水平书写，如没有足够的位置画箭头，可用圆点代替。如图 1-12（b）所示，标注弧长的尺寸时，尺寸线是该弧的平行弧，尺寸界线垂直于该圆弧的弦，尺寸起止符号用箭头表示，弧长数字上方用圆弧符号"⌒"表示。

（6）连续排列的等长尺寸。如图1-13所示，连续排列的等长尺寸可用"等长尺寸×个数＝总长"或"等分×个数＝总长"表示。

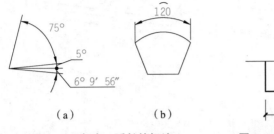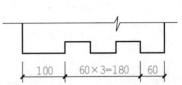

<table>
<tr><td>（a）</td><td>（b）</td></tr>
</table>

图1-12 角度、弧长的标注	图1-13 连续排列的等长尺寸的标注

图1-14用正误对比的方法，列出尺寸标注的常见错误，请读者辨析。

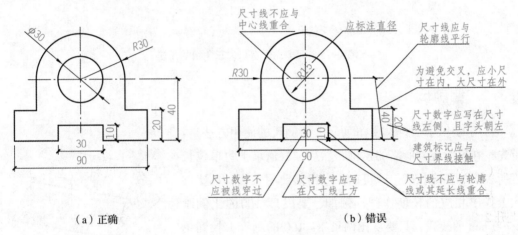

（a）正确　　　　　　　　　　　　　（b）错误

图1-14 尺寸标注正误对比

1.2 绘图工具与仪器的使用方法

下面将扼要介绍一些常用的绘图工具和仪器的使用方法。

1.2.1 图板、丁字尺、三角板

图板用于固定图纸，作为绘图的垫板，要求板面平整，板边平直，如图1-15（a）所示。丁字尺由尺头和尺身两部分组成，主要是用于画水平线。使用时，要使尺头紧靠图板左边缘，上下移动到需要画线的位置，自左向右画水平线。应该注意，尺头不可以紧靠图板的其他边缘画线。三角板可配合丁字尺自下而上画一系列铅垂线，如图1-15（b）所示。用丁字尺和三角板还可画与水平线成30°、45°、60°、75°及15°的斜线。这些斜线都是按自左向右的方向画出的，如图1-15（c）（d）所示。

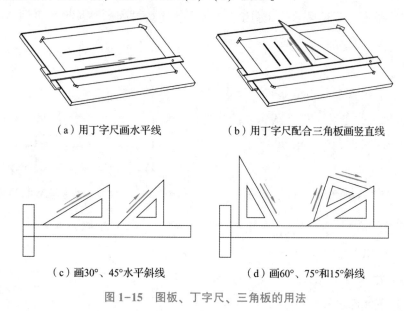

（a）用丁字尺画水平线　　　　　　（b）用丁字尺配合三角板画竖直线

（c）画30°、45°水平斜线　　　　　　（d）画60°、75°和15°斜线

图1-15　图板、丁字尺、三角板的用法

1.2.2　比例尺

　　常用的比例尺如图1-16所示。比例尺的使用方法是：首先，在尺上找到所需的比例，然后，看清尺上每单位长度所表示的相应长度，就可以根据所需要的长度，在比例尺上找出相应的长度作图。例如，要以1∶100的比例画2 700 mm的线段，只要从比例尺1∶100的刻度上找到单位长度1 m（实际长度仅是10 mm），并量取从0到2.7 m刻度点的长度，就可用这段长度绘图了。

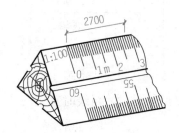

图1-16　比例尺的使用

1.2.3　圆规和分规

　　圆规是画圆、圆弧的主要工具。使用前，先调整定圆心的针脚的钢针，使带有台肩的一端放在圆心处，并按需要适当调节长度；另一针脚的端部则装上有铅芯的插腿，并将定圆心的钢针的台肩调整到与铅芯的端部平齐，铅芯应伸出芯套6～8 mm，铅芯插脚和钢针插脚尽量垂直纸面，如图1-17（a）所示。在一般情况下画圆或圆弧时，应使圆规按顺时针方向转动，并稍向画线方向倾斜，如图1-17（b）所示。

　　分规的形状与圆规相似，但两腿都是钢针，可用它量取线段长度，也可用它等分直线段或圆弧。

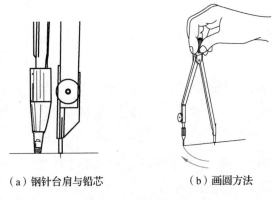

（a）钢针台肩与铅芯　　　　（b）画圆方法

图 1-17　圆规的用法

1.2.4　铅笔

　　绘图铅笔按铅芯的软、硬程度可分为 B 型和 H 型两类，"B"表示软，"H"表示硬，HB 介于两者之间，画图时，可根据使用要求选用不同的铅笔型号及形状。建议 B 或 HB 用于画粗线和中粗线；H 或 2H 用于画细线或底稿线；HB 或 H 用于画中线或写字。写字或打底稿、加深细实线或中线时用锥状铅芯 ［见图 1-18（a）］；加深中粗线和粗线时宜用楔状铅芯 ［见图 1-18（b）］。铅芯磨削的长度建议如图 1-18 所示。

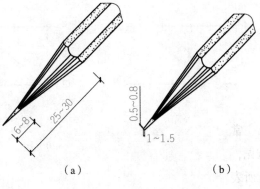

（a）　　　　　　　（b）

图 1-18　铅芯的长度和形状

1.2.5　其他绘图用品

　　其他绘图用品有图纸、胶带纸、橡皮、铅笔刀、擦图片、绘图模板等。

1.3　平面图形的画法

1.3.1　几何作图

　　平面图形是由直线、圆弧、平面曲线等组合而成的，绘制平面图形时，常常用到平面几何中的几何作图方法，下面仅对一些常用的几何作图作简要的介绍。

1. 任意等分线段

1）任意等分已知线。三等分已知线段 *AB* 一般采用辅助线法，作图方法如图 1-19 所示。

过点 *A* 作任意射线 *AC*，取任意长度在 *AC* 上划分三个等分点 1_1、2_1、3_1，连接 3_1B，分别过点 2_1、1_1 作 3_1B 的平行线，在 *AB* 上得 1、2 即是 *AB* 的等分点。

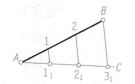

图 1-19　任意等分已知线段

2）等分两平行线间的距离。三等分两平行线 *AB*、*CD* 之间的距离的作图过程如图 1-20 所示。

如图 1-20（a）所示，使直尺刻度线上的点 0 落在 *CD* 线上，移动直尺，使直尺上的点 3 落在 *AB* 线上，取等分点 *MN*，如图 1-20（b）所示。过点 *MN* 分别作 *AB*、*CD* 的平行线，如图 1-20（c）所示。按规定图线加深，即为所求。

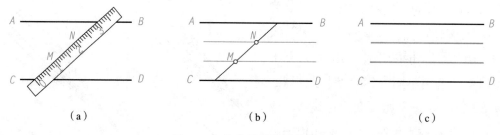

| （a） | （b） | （c） |

图 1-20　等分平行线间的距离

2. 作正多边形

正多边形常用等分其外接圆的圆周作出。正六边形、正方形、正三角形可用三角板配合丁字尺按几何作图等分外接圆的圆周作出。正五边形则可用圆规和直尺作出。

1）用三角板配合丁字尺作正六边形。图 1-21 是已知外接圆作正六边形的作图过程。

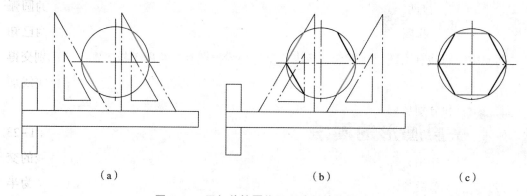

| （a） | （b） | （c） |

图 1-21　已知外接圆作正六边形的作图过程

如图 1-21（a）所示，以 60°三角板靠紧丁字尺，分别过水平中心线与圆周的交点，作两条 60°斜线。如图 1-21（b）所示，翻转三角板，分别作另外两条斜线。如图 1-21（c）

所示，过 60°斜线与圆周的交点，分别作两条水平线，即为所求。

正六边形也可用它的外接圆半径等分外接圆圆周后，连接各等分点而作出。

读者可以通过操作实践，由正方形、正三角形的外接圆作正方形和正三角形：使 45°三角板的一直角边在丁字尺水平边上滑动，当斜边通过圆心时，过斜边与外接圆的两个交点分别作水平线与铅垂线，即可交得圆内接正方形。读者可自行使用 60°三角板配合丁字尺由正三角形的外接圆作正三角形，作图方法不再赘述。

2）用圆规和直尺作正五边形。如图 1-22 中的黑色图形所示，已知正五边形的外接圆和铅垂中心线上的顶点 A，求作这个正五边形。

作图过程如图中的红色图形所示：取水平半径 OF，以 F 点为圆心、OF 为半径作弧，与外接圆交得两点，作两交点的连线，与 OF 交得点 G；以 G 为圆心、AG 为半径作弧，与水平中心线交得 H，连 A 与 H，AH 即为正五边形的边长；以 A 为圆心、AH 为半径作弧，与外接圆截得顶点 B；继续在外接圆上顺次截取顶点 C、D、E，依次连接各顶点，得正五边形 ABCDE。

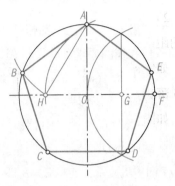

图 1-22　作正五边形

3. 圆弧连接

用直线与圆弧相切或圆弧与圆弧相切来光滑连接图线，称为圆弧连接，用来连接已知直线或已知圆弧的圆弧称为连接弧，切点称为连接点。为了使线段能准确连接并做到光滑连接，作图时，必须先求出连接弧的圆心和切点的位置。下面列举了几种圆弧连接的画法及其作图过程。

1）用圆弧连接两相交直线。如图 1-23 中的黑色细线所示，用半径长度为 R 的圆弧连接两斜交直线。作图过程和作图结果如图 1-23 中的红色图形所示：分别作距离两已知直线为 R 的平行线，交得连接弧的圆心为 O，过点 O 作这两条已知直线的垂线，分别交得切点 M，N，以点 O 圆心，从切点 N 作弧至切点 M，即得所求的连接弧 MN。用粗实线加深这个连接弧和分别从切点开始的各一段已知直线，就得出作图结果。

如图 1-24 中的黑色细线所示，要求用半径为 R 的圆弧连接两正交直线，可用图 1-23 所示的作图方法作出；也可用图 1-24 中的红色图形所示的方法求作：以两正交直线的交点 A 为圆心、R 为半径画弧，与两直线交得切点 M、N，分别以点 M、N 为圆心、R 为半径画弧，交得连接弧的圆心 O，以 O 为圆心，自点 N 向 M 画弧，即为所求的连接弧 MN。用粗实线加深这个连接弧和分别从切点开始的各一段已知直线，就得出作图结果。

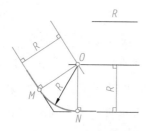 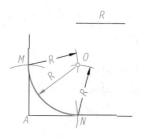

图1-23 用圆弧连接两斜交直线（一）　图1-24 用圆弧连接两斜交直线（二）

2）用圆弧与两已知圆弧外切。图1-25是用半径长度为 R 的圆弧外切两已知圆弧的已知条件和作图要求、作图过程、作图结果。

如图1-25（a）所示，已知条件和作图要求：用半径长度为 R 的圆弧连接两已知圆，使它们同时外切。

图1-25（b）为作图过程：分别以 O_1、O_2 为圆心，$R+R_1$，$R+R_2$ 为半径画弧，交得连接弧的圆心 O，连接 O 与 O_1、O 与 O_2，分别与已知圆弧交得切点 A、B，以 O 为圆心，自 OA 向 OB 画弧，连接弧 AB 即为所求。

图1-25（c）为作图结果与要求：清理图面，用粗实线加深这个连接弧和分别从切点开始的各一段已知圆弧。本图有两个答案，另一答案与 AB 弧对 O_1O_2 对称，读者可自行完成。

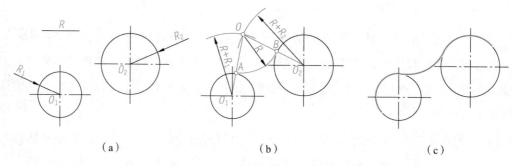

（a）　　　　　（b）　　　　　（c）

图1-25 作圆弧与两已知圆弧外切

3）用圆弧与两已知圆弧内切。图1-26是用半径长度为 R 的圆弧与两已知圆弧内切的已知条件和作图要求、作图过程、作图结果。

如图1-26（a）所示，已知条件和作图要求：用半径长度为 R 的圆弧连接两已知圆，与它们同时内切。

图1-26（b）为作图过程：分别以 O_1、O_2 为圆心，$|R-R_1|$，$|R-R_2|$ 为半径画弧，交得连接弧的圆心 O，连接 O 与 O_1、O 与 O_2，其延长线分别与已知圆弧交得切点 A、B，以 O 为圆心，自 OA 向 OB 画弧，连接弧 AB 即为所求。

图1-26（c）为作图结果与要求：清理图面，用粗实线加深这个连接弧和分别从切点开始的各一段已知圆弧。本图有两个答案，另一答案与 AB 弧对 O_1O_2 对称，读者可自行完成。

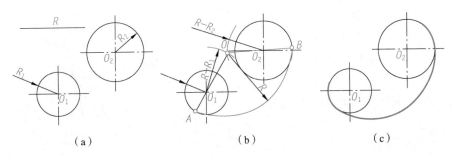

（a）　　　　　　　　　　（b）　　　　　　　　　　（c）

图 1-26　作圆弧与两已知圆弧内切

4）用圆弧与直线相切、与圆弧外切。图 1-27 是用半径为 R 的圆弧与直线相切、又与圆弧外切的已知条件和作图要求、作图过程、作图结果。

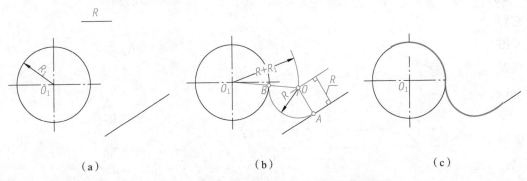

（a）　　　　　　　　　　（b）　　　　　　　　　　（c）

图 1-27　作圆弧与直线相切、与圆弧外切

如图 1-27（a）所示，已知条件和作图要求：用半径长度为 R 的圆弧与一已知直线相切，与另一圆弧外切。

图 1-27（b）为作图过程：作距已知直线为 R 的平行线，以 O_1 为圆心，$R+R_1$ 为半径画弧，与上述平行线交得连接弧的圆心 O，过 O 向已知直线作垂线交得切点 A，连接 OO_1 与已知圆交得切点 B，以 O 为圆心，自 A 向 B 画弧，即为所求。

如图 1-27（c）为作图结果和要求：清理图面，用粗实线加深这个连接弧分别从切点开始的一段已知圆弧和一段已知直线。本图有两个答案，另一答案与 AB 弧对称，其对称轴是过已知圆的圆心且垂直于已知直线的直线。本题未作出，读者可自行完成。

4. 椭圆

画椭圆的方法很多，如四心法、同心圆法、八点法等。如图 1-28 所示，已知长轴、短轴，用四心法画椭圆的方法与步骤如下。

延长 CD，在延长线上量取 $OK=OA$，得 K 点。连接 AC，并在 AC 上取 $CM=CK$。作 AM 的中垂线，交 OA 于 O_1，交 OD 于 O_2，再取对称点 O_3、O_4，即四个圆弧的圆心。连接 O_1 与 O_2，O_2 与 O_3，O_3 与 O_4，O_4 与 O_1，

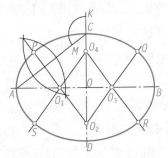

图 1-28　已知长短轴用四心法画椭圆

并延长这些连线，分别以 O_1、O_3 为圆心，O_1A、O_3B 为半径画弧，以 O_2、O_4 为圆心，O_2C、O_4D 为半径画弧，四圆弧分别交于 O_2O_1、O_2O_3、O_4O_3、O_4O_1 延长线的点 P、Q、R、S，即得所求的近似椭圆，P、Q、R、S 分别是四段椭圆的切点。

1.3.2 平面图形的分析与画法

1. 线段分析

平面图形是由若干段线段所围成的，而线段的形状与大小是根据给定的尺寸确定的。构成平面图形的各种线段中，有些线段的尺寸是已知的，可以直接画出，有些线段的尺寸条件不足，需要用几何作图的方法才能画出。因此，画图前，必须对平面图形的尺寸和线段进行分析。现以图 1-29 所示的平面图形为例，说明尺寸与线段的分析。

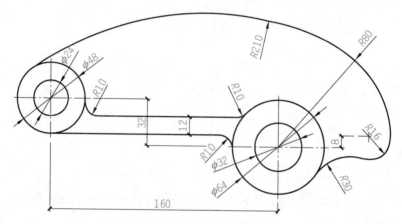

图 1-29 平面图形的线段分析

平面图形中的线段，通常按所给定的尺寸分为三类：

1）已知线段。具有齐全的定形尺寸和定位尺寸的线段，作图时可直接绘出。如图 1-29 中 R80 的圆弧是已知线段，其定形尺寸为 R80，定位尺寸为 32 和 160。

2）中间线段。定形尺寸齐全，定位尺寸只有一个的线段，其另一个定位尺寸必须根据与相邻的已知线段的几何关系求出。如图 1-29 中 R16 的圆弧是中间线段，其定形尺寸为 R16，高度方向的定位尺寸为 8，长度方向的定位尺寸没有给出，画图时必须根据它与 R80 的圆弧相切这个条件才能画出。

3）连接线段。只给出定形尺寸的线段，其定位尺寸必须根据与两端相邻线段的几何关系求出，如图 1-29 中 R210 的圆弧是连接线段，该圆弧没有给出定位尺寸，只能根据它与 $\phi48$ 的圆、R80 的圆弧相切这两个条件才能画出。在图 1-29 中，R10 的圆弧、R30 的圆弧均为连接线段。

通过分析上述三类线段可以看出，画平面图形时，应当先分析图形的尺寸，明确各线段的性质，先画已知线段，再画中间线段，最后画连接线段。

2. 平面图形的绘图步骤

以图 1-30 所示的平面图形为例，说明其绘图步骤。

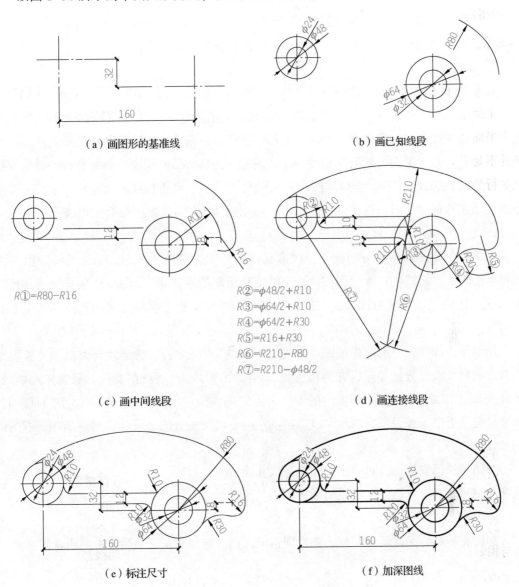

图 1-30　平面图形的绘图步骤

（1）对平面图形进行尺寸分析和线段分析，明确定形尺寸和定位尺寸，区分已知线段、中间线段和连接线段。

（2）画出基准线（对称中心线、轴线等），如图 1-30（a）所示。

（3）依次画出已知线段、中间线段、连接线段，如图 1-30（b）（c）（d）所示。

（4）标注尺寸，如图 1-30（e）所示。

（5）加深图线，如图 1-30（f）所示。

1.3.3 用绘图工具和仪器绘图的方法步骤

工程图样常用绘图工具和仪器绘制，绘图的方法是：先画底稿，然后校对，修正，铅笔加深，最后经过复核，由制图者签字。现按绘图步骤简述如下。

1. 画底稿

在使用丁字尺和三角板绘图时，光线最好来自左前方。通常用削尖的 H 或 2H 铅笔轻绘底稿，底稿一定要正确无误，才能加深。画底稿的顺序是：先按图形的大小和复杂程度，确定绘图比例，选定图幅，画出图框和标题栏；根据选定的比例估计图形及注写尺寸所占的面积，布置图面，然后开始画图。画图时，先画图形的基线（如对称线、轴线、中心线或主要轮廓线），再逐步画出细部；图形完成后，画尺寸界线和尺寸线。最后，对所绘的图稿进行仔细校对，改正画错的图线，补充漏画的图线，擦去多余的图线。

2. 铅笔加深

铅笔加深要做到粗细分明，符合国家标准的规定，宽度为 b、$0.7b$ 的图线常用 B 或 HB 铅笔加深；宽度为 $0.5b$ 的图线常用 HB 或 H 铅笔加深；宽度为 $0.25b$ 的图线常用削尖的 H 或 2H 铅笔适当用力加深；在加深圆弧时，圆规的铅芯应该比加深直线的铅笔芯软一号。

用铅笔加深时，一般应先加深点画线（中心线、对称线）。为了使同类线型宽度粗细一致，可以按线宽分批加深，先画粗实线，再画中虚线，然后画细实线，最后画点画线、折断线和波浪线。加深同类型图形的顺序是：先画曲线，后画直线。画同类型的直线时，通常是先从上向下加深所有的水平线，再从左向右加深所有的竖直线，然后加深所有的倾斜线。

在图形加深完毕后，再画出尺寸线与尺寸界线等，然后，画尺寸起止符号，填写尺寸数字和书写图名、比例、文字说明和标题栏。

3. 复核和签字

加深完毕后，必须认真复核，如发现错误，则应立即改正。最后，由制图者签字。

第 2 章 投影基础

本章导读 ▷

　　工程图样是通过投影图来表达工程形体或建筑物的结构形状的。要看懂这些图样，就必须理解并掌握与投影有关的基础知识。为此，本章介绍投影法概念、三面投影图的形成和投影规律，为学好后面的知识打下坚实的基础。

技能目标 ▷

- 了解投影的基本知识，掌握正投影的基本特性。
- 掌握三视图的形成过程及投影规律。

思政目标 ▷

　　在投影法教学中，通过透视图画的建筑物讲述我国建筑行业发展远景和超凡设计能力。

2.1 投影法的基本知识

2.1.1 投影法概念

　　空间物体在光线的照射下，在地面或墙面产生物体的影子。根据这种自然现象，经过科学总结、抽象、归类，形成了各种投影法则，将具有长、宽、高三维的物体表达在二维的图纸上。

　　如图 2-1 所示，光源 S 称为投射中心，光线 SA、SB、SC 称为投射线，地面称为投影面 P，过投射中心 S 和三角形 ABC 各顶点作投射线 SA、SB、SC 并延长与投影面 P 分别相交于 a、b、c 三点，这三点称为空间点 A、B、C 在投影面 P 上的投影，并可得出三角形 ABC 在该投影面上的投影 abc。这种将投射线通过物体，向选定的面投射，并在该面上得到图形的方法称为投影法。

2.1.2 投影法种类

常用的投影法有两大类：中心投影法和平行投影法。

1. 中心投影法

图2-1中的所有投射线都相交于投射中心 S，这种投影法称为中心投影法。用中心投影法得到的物体的投影，其大小与物体的位置有关，当物体靠近或远离投影面时，它的投影就会变小或变大，且一般不能反映物体的真实大小。中心投影法主要用于建筑制图，它可以得到立体感较强的透视图。

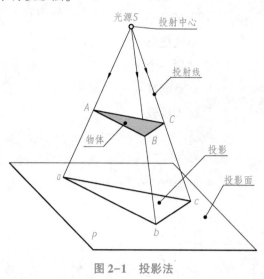

图 2-1 投影法

2. 平行投影法

若将投射中心 S 移至无穷远处，则所有投射线就相互平行，这种投影法称为平行投影法，如图2-2所示。

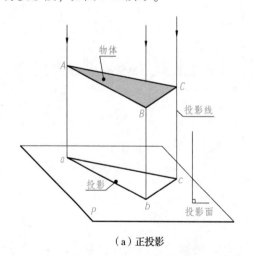

（a）正投影

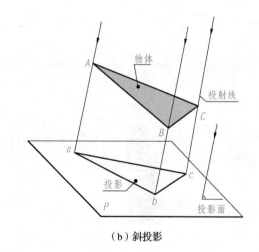

（b）斜投影

图 2-2 平行投影法

在平行投影法中，按投射线是否垂直于投影面又分为以下两种：

正投影法——投射线与投影面垂直的平行投影法，如图2-2（a）所示。

斜投影法——投射线与投影面倾斜的平行投影法，如图2-2（b）所示。

正投影法能准确地表达物体的形状结构，而且度量性好，因而工程上广泛应用。土木工程图样主要用正投影法绘制，它是本课程学习的主要内容。今后，除有特别说明外，所述投影均指正投影。

2.1.3　工程上常用的投影图

工程设计中常用的投影图有以下四种。

1. 多面正投影图

用正投影法把形体向两个或两个以上互相垂直的投影面上分别进行投影，再按一定的方法将其展开到一个平面上，所得到的投影图称为多面正投影图，如图 2-3（a）所示。这种图的优点是能准确地反映物体的形状和大小，度量性好，作图简便，在工程上广泛采用；缺点是直观性较差，需要经过一定的读图训练才能看懂。

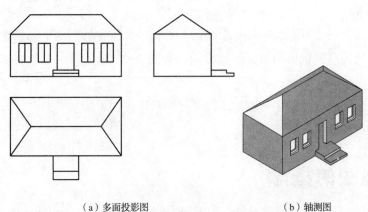

（a）多面投影图　　　　　　　（b）轴测图

（c）透视图

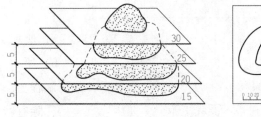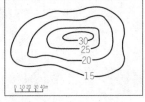

（d）标高投影图

图 2-3　工程上常用的投影图

2. 轴测投影图

轴测投影图是按平行投影法绘制的单面投影图，简称轴测图，如图 2-3（b）所示。这种图的优点是立体感强，直观性好，在一定条件下可直接度量；缺点是作图较麻烦，在工程中常用作辅助图样。

3. 透视投影图

透视投影图是按中心投影法绘制的物体的单面投影图，简称透视图，如图 2-3（c）所示。这种图的优点是形象逼真，符合人的视觉效果，直观性强；缺点是作图繁杂，度量性差，一般用于房屋、桥梁等的外貌，室内装修与布置的效果图等。

4. 标高投影图

标高投影图是用正投影法将物体表面的一系列等高线投射到水平的投影面上，并在其上标注各等高线的高程数值的单面正投影图，如图 2-3（d）所示。常用来表达复杂的曲面和地形面。

由于正投影图被广泛地用来绘制工程图样，所以正投影法是本书讲授的主要内容。

2.2 视图的概念

2.2.1 直线和平面的投影特性

平行投影具有实形性、积聚性、类似性、定比性和平行性，这几个性质是平行投影作图的理论基石。

1. 实形性

当直线或平面平行投影面时，它们的投影反映实长或实形，这一性质称为实形性（也称为度量性），如图 2-4 所示。

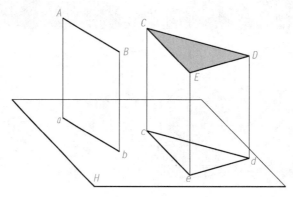

图 2-4 实形性

2. 积聚性

当直线或平面垂直于投影面时，其投影积聚成一点或一条直线，这一性质称为积聚性，如图 2-5 所示。

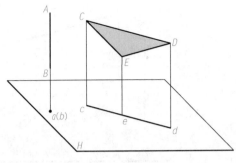

图 2-5　积聚性

3. 类似性

当直线倾斜于投影面时，其在该投影面上的投影短于实长；当平面倾斜于投影面时，其在该投影面上的投影小于实形，如图 2-6 所示。在这种情况下，直线和平面的投影不反映实长或实形，其投影形状是空间形状的类似性，因而把投影的这种性质称为类似性。平面多边形的类似性是边数相同的多边形，圆的类似性是椭圆。

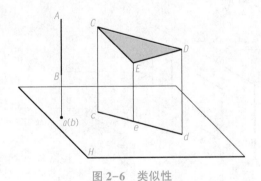

图 2-6　类似性

4. 定比性

两直线段长度的空间之比等于其投影之比，这一性质称为定比性。点分线段的比例等于点的投影分线段的投影所成的比例，点 $C \in AB$，则 $AC:CB=ac:cb$，如图 2-7 所示。

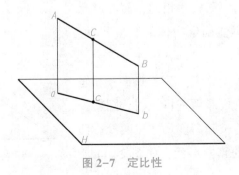

图 2-7　定比性

5. 平行性

当空间两直线互相平行时，它们在同一投影面上的投影仍互相平行。如空间两直线 $AB /\!/ CD$，则它们在 H 面的投影 $ab /\!/ cd$，如图 2-8 所示。

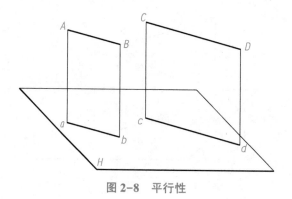

图 2-8　平行性

2.2.2　视图的概述

1. 体的投影

体的投影过程主要由投影面、物体、投影线组成。投射线照射物体，在投影面上形成投影（即视图），如图 2-9 所示。

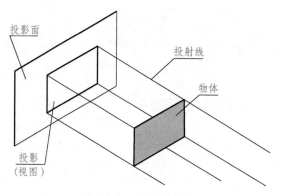

图 2-9　视图的形成

1）单面视图。单面视图只反映体的两个方向尺寸，即长和宽。当实物长、宽尺寸相同，而高度尺寸不同时，则单面视图不能确定物体的真实形状，如图 2-10 所示。

2）两面视图。再增加一个与原来投影面互相垂直的投影面，分别向两个投影面进行投射，则新投影面上的视图反映物体的长和高度尺寸，两投影面视图合起来能反映物体的真实形状，如图 2-11 所

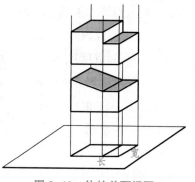

图 2-10　体的单面视图

示。由此可见，两面视图基本上就可以将形体表达清楚了。但对于复杂的形体仅两面视图也不够，还需再加一个视图。

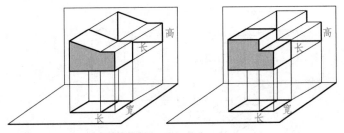

图 2-11　体的两面视图

2. 形体三视图

1）三投影面体系建立。为准确表达物体形状，需建立三面投影体系。正立投影面为 V 面；水平投影面为 H 面；侧立投影面为 W 面，三投影面两两互相垂直，V 面与 H 面交线为 X 轴；H 面与 W 面交线为 Y 轴，V 面与 W 面交线为 Z 轴，三坐标轴交点为坐标原点 O，如图 2-12 所示。

2）形体三视图。将物体置于三投影面体系之中，分别进行正投影，则在 V 面上得到主视图，在 H 面上得到俯视图，在 W 面上得到左视图，如图 2-13 所示。

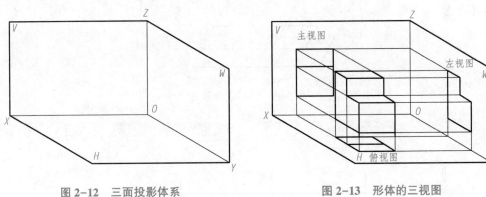

图 2-12　三面投影体系　　　　　　　　图 2-13　形体的三视图

3. 三视图投影特性

1）方位和尺寸关系。主视图反映形体的上、下、左、右；俯视图反映形体的前、后、左、右；左视图反映形体的上、下、前、后。主视图放映形体长度和高度尺寸；俯视图反映形体的长度和宽度尺寸；左视图反映形体的高度和宽度尺寸，如图 2-14 所示。

2）三投影面展开。三视图形成之后，保持 V 面不动，将 H 面连同俯视图一起绕 OX 向下旋转 90°，将 W 面连同左视图绕 OZ 轴向右旋转 90°，保证三投影面与 V 面在一平面内，如图 2-15 所示。

3）投影规律。投影面展开以后，俯视图在主视图正下方，左视图在主视图正右方。做到主、俯视图长对正；主、左视图高平齐；俯、左视图宽相等，如图 2-16 所示。

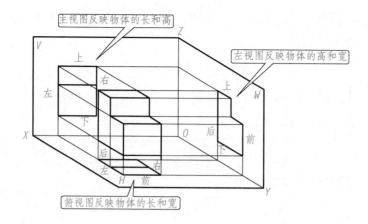

图 2-14 三视图的方位与尺寸关系

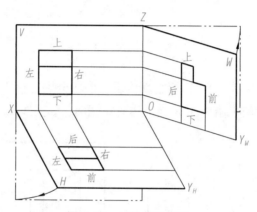

图 2-15 三投影面展开

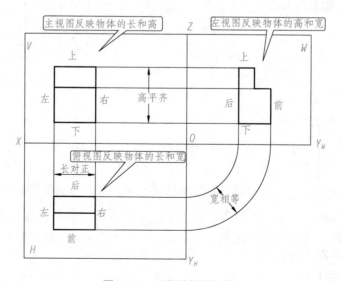

图 2-16 三视图投影规律

4）三视图最终表现形式。三投影面展开以后应去掉投影面边框，如图 2-17 所示。最后投影轴也不画，如图 2-18 所示。

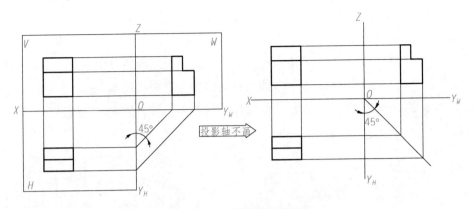

图 2-17　视图去掉投影面

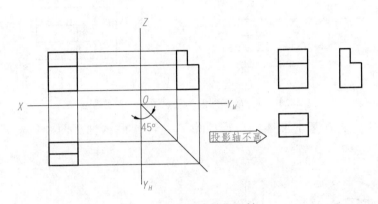

图 2-18　视图去掉投影轴

【例题 2-1】根据物体的立体图，画出三面投影图（尺寸由立体图中量），如图 2-19 所示。

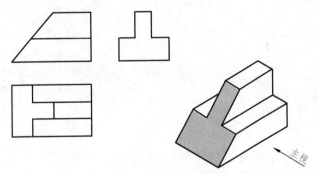

图 2-19　根据轴测图绘制三视图（一）

【解】该形体为一放倒的正八棱柱，棱柱左端被斜截切。按照图示箭头指向为主视图投影方向，棱柱的上面、中间的两个平面和底面为矩形，分别垂直于正立投影面 V 面和侧立投影面 W 面，且平行水平投影面 H 面；右端面为八边形，分别垂直于正立投影面 V 面和水平投影面 H 面，且平行于侧立投影面 W 面；左端面为一斜放置的八边形，分别倾斜

于侧立投影面 W 面和水平投影面 H 面，垂直于正立投影面 V 面。根据平行投影特性，当平面平行于投影面时投影为实形，当平面垂直于投影面时其投影积聚为直线，当平面倾斜于投影面时其投影为类似图形的投影特性。具体的作图步骤如下：

（1）如图 2-20（a）所示，考虑布置图面，在适当位置画出每个视图的定位基准线。

（2）如图 2-20（b）所示，按照投影规律画出每个视图的底稿线。

（3）如图 2-20（c）所示，校核所画图形。校核无误后，按规定线型加深图线，完成全图。

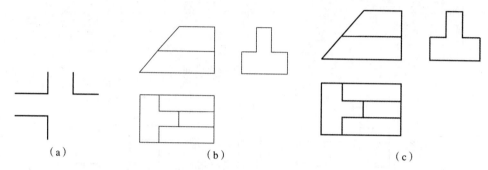

（a）　　　　　　　　　（b）　　　　　　　　　（c）

图 2-20　根据轴测图绘制三视图（一）绘图步骤

【例题 2-2】绘制基本形体的三面投影图（尺寸根据轴测图中所给），如图 2-21 所示。

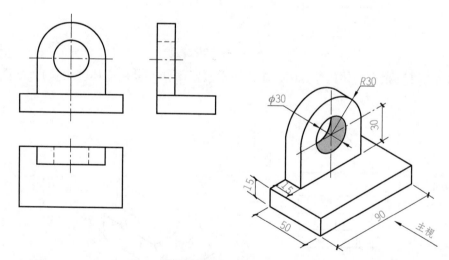

图 2-21　根据轴测图绘制三视图（二）

【解】该形体分为两部分，一是长方形底板长度 90 mm，宽度 50 mm，厚度 15 mm；再有是立在底板上方的钟型立板，该立板上方为半径 30 mm 的半圆体，中间有一直径 30 mm 的通孔，板的厚度 15 mm。底板上方的钟型体左右居中，后面与底板后面平齐。根据平行投影特性，当平面平行于投影面时投影为实形，当平面垂直于投影面时其投影积聚为直线，当平面倾斜于投影面时其投影为类似图形的投影特性。具体的作图步骤如下：

（1）如图 2-22（a）所示，考虑布置图面，在适当位置画出每个视图的定位基准线，其中主要是作出圆孔中心的定位轴线。

（2）如图 2-22（b）所示，按照投影规律画出每个视图的底稿线。

（3）如图 2-22（c）所示，校核所画图形。校核无误后，按规定线型加深图线，完成全图。

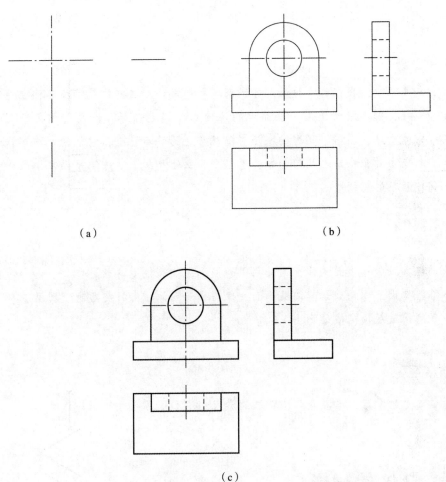

（a）　　　　　　　　　　　　　　　　　（b）

（c）

图 2-22　根据轴测图绘制三视图（二）绘图步骤

第 3 章 立体的投影

本章导读

　　在土木工程中，我们经常接触到各种形状的建筑物，这些建筑物及其构配件的形状虽然复杂多样，但一般都是由一些简单的几何形体经过叠加、切割或相交等形状组成的。工程中的壳体、屋盖、隧道的拱顶，以及常见的设备管道，它们的几何形状都是曲面立体。本章主要介绍基本几何形体，包括平面立体和曲面立体、平面立体表面交线的投影、同坡屋顶的交线等。

技能目标

- 掌握各种常见平面立体、曲面立体的投影规律和投影特性。
- 掌握平面立体的截切，以及平面立体与平面立体相交时交线的投影画法。
- 了解同坡屋顶交线的画法。

思政目标

　　通过本章的学习，培养同学们严谨的学习态度和认真细致的工作作风。

3.1 立体的投影

　　立体可分为平面立体和曲面立体两大类。

　　平面立体的表面由平面构成，如棱柱和棱锥。曲面立体的表面由曲面或曲面和平面构成，如常见回转体中的圆柱、圆锥、圆球等，如图 3-1 所示。

3.1.1 平面立体

　　工程中常用的平面立体是棱柱和棱锥。平面立体表面由若干个称为棱面的平面多边形围成，相邻两棱面的交线称为棱线，棱线相交时的交点称为顶点。画平面立体的投影，就是画棱面、棱线、顶点的投影，将可见的棱线投影画成粗实线，不可见投影画成细虚线。

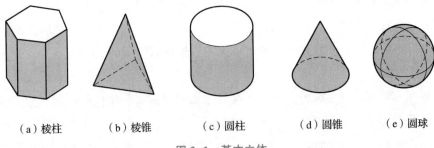

| （a）棱柱 | （b）棱锥 | （c）圆柱 | （d）圆锥 | （e）圆球 |

图 3-1 基本立体

为了方便作图，通常将形体上点、线和面的标记记为大写字母如"A、B、C、..."表示，其正面投影用"a'、b'、c'、..."表示，其水平面投影，用"a、b、c、..."表示，其侧面投影，用"a''、b''、c''、..."表示，不可见加括号表示。

1. 棱柱

棱柱是由两个底面和若干个侧棱面围成的立体，棱柱的上、下底面相互平行，各侧棱线也相互平行。侧棱线与底面垂直的棱柱称为直棱柱，侧棱线与底面倾斜的棱柱称为斜棱柱，上下底面均为正多边形的直棱柱称为正棱柱。本例以正六棱柱为例。

1）棱柱的投影。如图 3-2（a）所示，正六棱柱的顶面和底面都平行于 H 面，它们的水平投影反映实形，顶面和底面垂直于 V 面和 W 面，正面投影和侧面投影积聚为直线。前后两个棱面平行于 V 面，正面投影反映实形，该两棱面垂直于 H 面和 W 面，水平投影和侧面投影积聚为直线。左前左后和右前右后四个棱面垂直于 H 面，水平投影积聚为直线，该四个棱面分别倾斜于 V 面和 W 面，它们在该投影面上的投影呈现类似图形。六条棱线分别垂直 H 面，投影有积聚性。

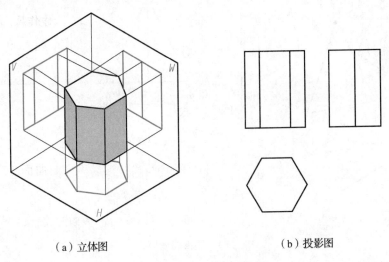

| （a）立体图 | （b）投影图 |

图 3-2 正立六棱柱的投影

2）作图步骤：

（1）先画出棱柱的水平投影正六边形，六棱柱的顶面和底面是水平面，正六边形是六棱柱顶面、底面重合的实形，顶面和底面的边线均反映实长。六棱柱六个棱面的水平投影积聚在六边形的六条边上，六条侧棱的水平投影积聚在六边形的六个顶点上。该投影为棱柱的形状特征投影。

（2）根据六棱柱的高度尺寸，画出六棱柱顶面和底面有积聚性的正面、侧面投影。

（3）按照投影关系分别画出六条侧棱线的正面、侧面投影，即得到六棱柱的六个侧棱面的投影，如图3-2（b）所示。六棱柱的前后侧棱面为正平面，正面投影反映实形，侧面投影均积聚为两条直线段。另外四个侧棱面为铅垂面，正面和侧面投影均为类似形。

2. 棱锥

棱锥是由一个多边形底面和若干个具有公共顶点的三角形围成的立体，各侧棱线交于一点，该点称为锥顶。按棱锥棱线数的不同可分为三棱锥、四棱锥、五棱锥、六棱锥等。本例以正三棱锥为例。

1）棱锥的投影。图3-3（a）是一个正三棱锥的直观投影图。从图中可见，棱锥底面平行水平投影面 H 面，底面水平投影反映实形，底面的边线 AB 和 BC 分别平行 H 面，它们的水平投影反映实长，AC 边垂直与侧立投影面 W 面，在该面上投影积聚成一点。左、右侧棱面分别倾斜于三个投影面，分别在该投影面上的投影呈现类似图形。后棱面垂直于侧立投影面 W 面，其投影积聚为一条直线，同时倾斜于正立投影面和侧立投影面，在该两投影面上投影分别为类似图形。前棱线平行 W 面，另两条棱线都倾斜于三个投影面。

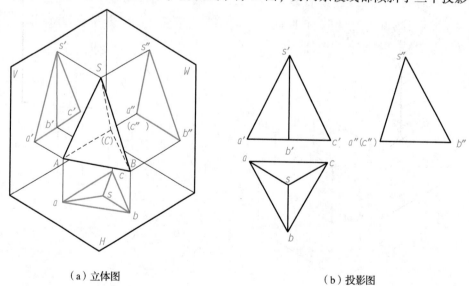

（a）立体图　　　　　　　　　　　　　（b）投影图

图3-3　棱锥的投影

2）作图步骤：

（1）先画出三棱锥底面的三面投影，水平投影 $\triangle abc$ 反映底面实形，正面投影和侧面投影分别积聚成一直线段。

（2）根据棱锥的高度尺寸画出锥顶 S 的三面投影。

（3）过锥顶向底面各顶点连线，画出三棱锥的三条侧棱的三面投影，即得到三棱锥三个侧棱面的投影。如图 3-3（b）所示，左、右两棱面 $\triangle SAB$、$\triangle SBC$ 都倾斜于三个投影面，三面投影都是类似的三角形，侧面投影 $s''a''b''$ 和 $s''b''c''$ 重合，后棱面 $\triangle SAC$ 垂直于侧立投影面，侧面投影积聚为一直线 $s''a''$（c''），水平投影和正面投影都是其类似形。

3.1.2 曲面立体

常见的曲面立体是回转体，工程中用的最多的是圆柱、圆锥和球。回转体由回转面或回转面和平面围成。回转面由直线或曲线绕某一轴线旋转而成，该直线或曲线称为母线，母线在回转体上的任意位置称为素线，母线上任意点绕轴线旋转的轨迹为圆。绘制回转体投影图，必需画出回转体轴线的投影。

1. 圆柱

圆柱是由圆柱面、顶面和底面组成的。圆柱面是由直线绕与它相平行的轴线旋转而成的。这条旋转的直线叫母线。圆柱面任一位置的母线称素线。

1）圆柱的投影。图 3-4（a）所示圆柱体，其轴线竖直放置，圆柱面垂直 H 面，圆柱的顶面和底面平行于水平投影面。

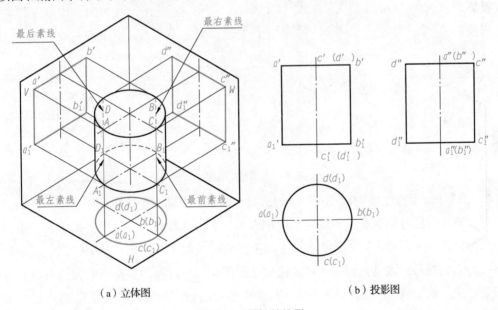

（a）立体图   （b）投影图

图 3-4 圆柱的投影

2）投影图。圆柱体的投影如图 3-4（b）所示。圆柱的顶面和底面的水平投影反映实形——圆，圆心是圆柱轴线的水平投影。顶面和底面的正面积聚成两条直线段 $a'b'$、a_1' b_1'，侧面投影聚成两条直线段 $d''c''$、$d_1''c_1''$，圆柱面垂直 H 面，水平投影积聚成一个圆。

圆柱的素线为竖直线。正面矩形投影的 $a'a_1'$ 和 $b'b_1'$ 是圆柱面对正面投影的转向轮廓线，它们是圆柱面上最左最右素线的正面投影，也是正面投影可见的前半圆柱面和不可见的后半圆柱面的分界线。侧面投影的 $c''c_1''$ 和 $d''d_1''$ 是圆柱面对侧面投影的转向轮廓线，它们是圆柱面上最前最后素线的侧面投影，也是侧面投影可见的左半圆柱面和不可见的右半圆柱面的分界线。如图 3-4 所示，圆柱的正面和侧面投影分别为一矩形。在圆柱体的矩形投影中，用点画线画出圆柱面轴线的投影。

2. 圆锥

圆锥是由圆锥面和底面围成的。圆锥面是由直线绕与它相交的轴线旋转而成的，这条旋转的直线称母线，圆锥面上任一位置的母线称素线。

1）圆锥的投影。图 3-5 所示的圆锥，其轴线垂直于 H 面放置，圆锥底面为水平面，圆锥面相对三个投影面都处于一般位置。

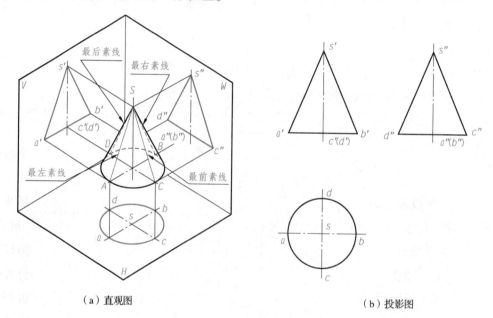

（a）直观图   （b）投影图

图 3-5 圆锥的投影

2）投影图。圆锥投影如图 3-5（b）所示。圆锥底面的水平投影反映实形——圆，正面投影、侧面投影分别积聚成直线段。圆锥面的水平投影与底面水平投影相重合，正面投影三角形的边线 $s'a'$ 和 $s'b'$ 是圆锥面对正面投影的转向轮廓线，它们是圆锥面上最左和最右素线的正面投影，也是正面投影可见的前半圆锥面与不可见的后半圆锥面的分界线。侧面投影三角线的边线 $s''c''$ 和 $s''d''$ 是圆锥面对侧面投影的转向轮廓线，它们是圆锥面上最前最后素线的侧面投影，也是侧面投影可见的左半圆锥面与不可见的右半圆锥面的分界线。圆锥的正面和侧面投影分别为等腰三角形。

3. 圆球

球由球面围成。圆球面是由半圆母线绕其直径为轴线旋转而成的，圆球是由圆球面包容而成的立体。

1）圆球的投影。如图 3-6（a）所示，球的投影分别为三个与圆球直径相等的圆，这三个圆是球面三个方向转向轮廓线的投影。

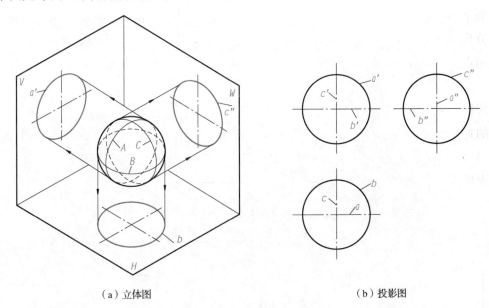

（a）立体图　　　　　　　　　　　　　　　（b）投影图

图 3-6　圆球的投影

2）投影图。圆球的三个投影均为圆，其投影圆的直径与圆球直径相同。但三个投影面上的圆是圆球上不同的转向轮廓线的投影，正面投影上的圆 a' 是圆球上平行于正立投影面的最大圆 A 的投影，是圆球前后半个球面的分界线（前半球面的正面投影可见，后半球不可见），圆 A 的水平投影 a 积聚成一直线，与圆球前后对称中心线（细点画线）重合；侧面投影 a'' 也积聚成一直线，与圆球前后对称中心线（细点画线）重合。同理，圆球水平投影上的圆 b 是圆球上平行于水平面的最大圆 B 的投影，是圆球上下半个球面的分界线（上半球面的水平投影可见，下半球面不可见），圆 B 的正面投影 b' 和侧面投影 b'' 也积聚成一直线，与圆球的上下对称中心线（细点画线）重合；圆球侧面投影上的圆 c'' 是圆球上平行侧面的最大圆 C 的投影，是圆球左、右半个球面的分界线（左半球面的侧面投影可见，右半球面不可见），圆 C 的正面投影 c' 和水平投影 c'' 也积聚成一直线，与圆球左右对称中心线（细点画线）重合。圆球的投影如图 3-6（b）所示。

3.2　平面与立体相交

平面与立体相交，可以看作是平面截切立体。该平面称为截平面，它与立体表面的交线称为截交线。截交线所围成的平面图形称为断面，如图 3-7（a）所示。研究平面与立体相交，就是研究求截交线的投影。

3.2.1　平面与平面立体相交

平面立体的截交线是一个多边形，多边形的顶点是平面立体的棱线或底边与截平面的交点，多边形的边是截平面与平面立体表面的交线，如图3-7所示。

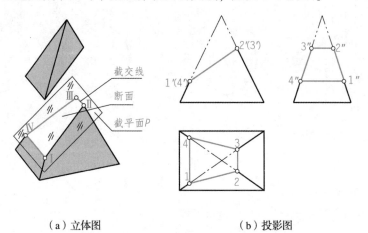

（a）立体图　　　　　　　　（b）投影图

图3-7　四棱锥被正垂面截切

截交线具有如下性质：

（1）共有性。截交线是截平面与立体表面的共有线。它既在截平面上又在立体表面上，截交线上的点，均是截平面与立体表面的共有点。

（2）封闭性。因立体表面是封闭的，故截交线一般都是封闭的平面图形。

（3）表面性。截交线是截平面与立体表面的交线，因此截交线均在立体的表面上。

【例题3-1】如图3-7所示，试求四棱锥被正垂面截后的三面投影。

【解】分析：因截平面 P 与四棱锥四个棱面相交，所以截交线为四边形，它的四个顶点即为四棱锥的四条棱线与截平面 P 的交点。

作图过程如下：

因 P 平面是正垂面，所以截交线四边形的四个顶点Ⅰ、Ⅱ、Ⅲ、Ⅳ的正面投影 $1'$、$2'$、$3'$、$4'$ 重合在 P 平面有积聚性的投影上。由 $1'$、$2'$、$3'$、$4'$ 按直线上点的投影特性可求出 1、2、3、4 和 $1''$、$2''$、$3''$、$4''$。将各顶点的投影依次连接起来，即得截交线投影。

【例题3-2】已知六棱柱被正垂面 P、侧平面 Q 所截切，求截交线的各投影，如图3-8所示。

【解】分析：由图3-8（a）的正面投影可知，正六棱柱被正垂面 P 及侧平面 Q 同时截切，要分别求出两平面 P 和 Q 产生的截交线。正垂面 P 与六棱柱的六个侧棱面及 Q 面相交，其截交线的形状为七边形，七边形的七个顶点分别为截平面 P 与六棱柱五条棱线以及与截平面 Q 产生的交点。截交线的 V 面投影积聚在 P 面的积聚投影上，H 面投影和 W

面投影均反映类似形。侧平面 Q 与六棱柱的顶面、两个侧棱面及 P 面相交，其截交线形状为四边形，其 V 面投影积聚在 Q 面的积聚投影上，H 面投影也积聚为一直线，W 面投影反映四边形实形。

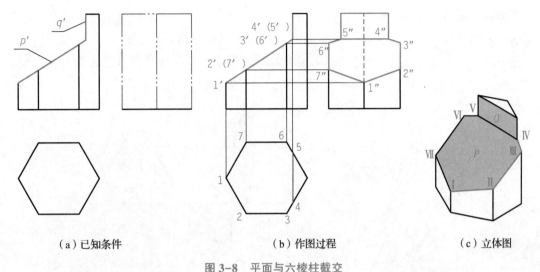

（a）已知条件　　　　　（b）作图过程　　　　　（c）立体图

图 3-8　平面与六棱柱截交

作图步骤如下：

（1）求平面 P 截六棱柱的截交线。在 V 面投影上依次标出截平面 P 与六棱柱五条棱线的交点 1′、2′、3′、(6′)、(7′)，以及两截平面 P 与 Q 产生交线的积聚投影 4′5′。由于棱柱体各棱面和棱线的水平投影具有积聚性，因此截交线的 H 面投影 12345671 与底面六边形各边的 H 面投影重合。根据 V 面投影和 H 面投影求出截交线的侧面投影 1″2″3″4″5″6″7″1″。

（2）求平面 Q 与六棱柱的截交线。由于截平面 Q 平面为侧平面，与其相交的两个侧棱面为铅垂面，故其截交线的水平投影积聚在 45 上，根据"宽相等"求出截交线的侧面投影——矩形。

（3）整理轮廓线，补全六棱柱截断体的投影。其中Ⅰ点所在棱线，在截平面 P 以上部分被截切，以下部分保留，因此在 W 面投影上该棱线下半部分画成粗实线，而最右棱线由于不可见，在 1″ 以上画成虚线。

【例题 3-3】如图 3-9 所示，试求正三棱锥被正垂面 P，水平面 Q 截切后的三面投影。

【解】分析：切口由水平截面和正垂截面组成，切口的正面投影有积聚性。水平截面与三棱锥的底面平行，它与△SAB 棱面的交线ⅠⅡ必平行底边 AB；与△SAC 棱面的交线ⅠⅢ必平行于底边 AC。正垂截面分别与△SAB、△SAC 棱面交于ⅡⅣ和ⅢⅣ。组成切口的两个截面都垂直于正投影面，两平面的交线ⅡⅢ必定是正垂线。

作图步骤如下：

（1）求水平截面与三棱锥的截交线。过 $s'a'$ 上 1′引投影连线与 sa 相交得 1，作 12//

ab，13∥*ac*，再分别由 2′、3′在 12 和 13 上作出 2 和 3。由 1′2′和 12 作出 1″2″，由 1′3′和 13 作出 1″3″。

（2）求正垂截面与三棱锥的截交线。过 *s′a′* 上 4′引投影连线分别作出 4 和 4″，再分别与 2 3、2″3″连成 42、43 和 4″2″、4″3″。

（3）作两个截平面的交线，画出切口，判别可见性。23 和 2′3′即为交线的投影。*SA* 棱线中的 I、IV 部分已被截去，在各投影图中均不画出。截交线的所有投影均可见，画成粗实线。交线 23 不可见，画成细虚线，2″3″可见，画成粗实线。

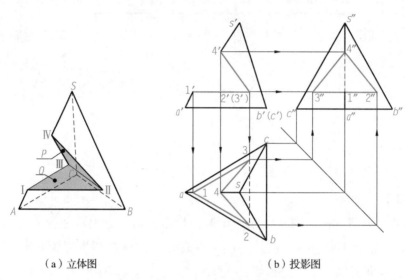

（a）立体图　　　　　　　　　（b）投影图

图 3-9　三棱锥被两平面截切

3.2.2　平面与曲面立体的相交

平面与曲面立体的相交，一般情况下截交线是一条封闭的平面曲线。截交线的形状取决于立体表面的形状和截平面与立体的相对位置。

当截平面为特殊位置平面时，截交线的一投影积聚在截平面有积聚性的同面投影上，截交线的其余投影可用立体表面取点的方法求出。

求这类截交线的作图步骤为：

（1）分析截平面和回转体的相对位置，从而了解截交线的空间形状。

（2）分析截平面与投影面的相对位置，以确定截交线在各投影面上的形状。当截平面或立体表面的投影有积聚性时，可利用积聚性作图求解。

（3）当截交线的形状为非圆曲线时，应先求出确定截交线的形状和范围的特殊点，如最高、最低、最左、最右、最前、最后点以及可见与不可见的分界点等。然后求一般点。将求出的特殊点和一般点的同面投影依次相连得到截交线的投影，再判别可见性，可见的线用粗实线表示，不可见的线用细虚线表示。

（4）当截交线的形状为平面多边形时，只需求出其各顶点的投影，然后同面投影依次相连即可。

（5）对被截切的立体，在求出截交线的投影后，还需根据被截平面截去的结构形状，去掉被截切部分的投影。

1. 平面与圆柱的相交

根据截平面与圆柱体轴线的相对位置不同，截交线有三种情况，即矩形、圆及椭圆，见表 3-1。

表 3-1　平面与圆柱的交线

截平面位置	平行于轴线	垂直于轴线	倾斜于轴线
截交线形状	矩形	圆	椭圆
立体图	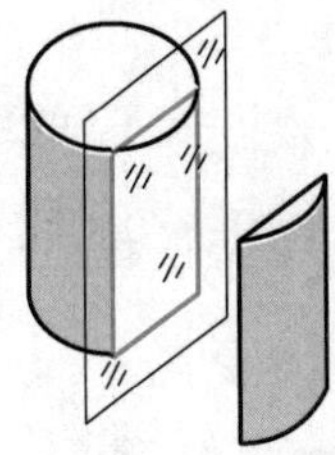	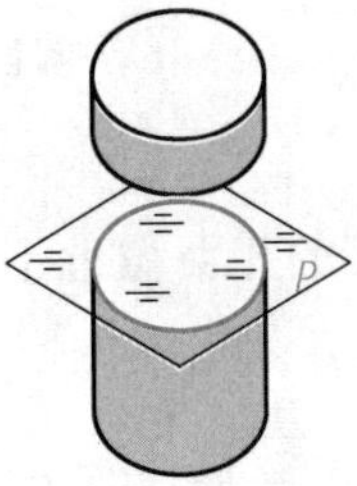	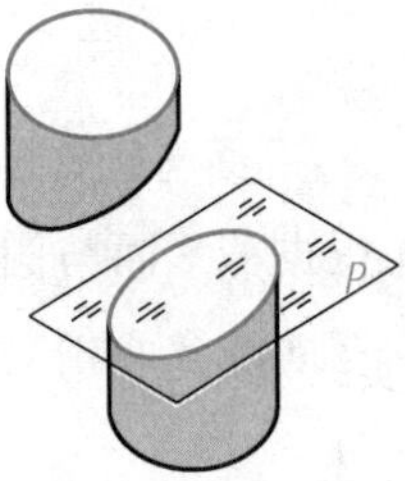
投影图	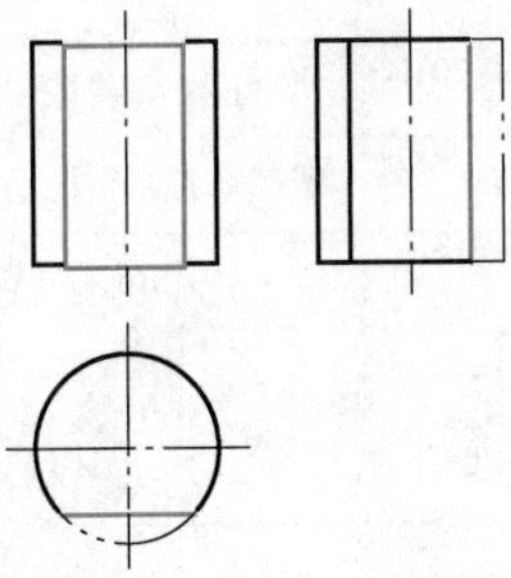	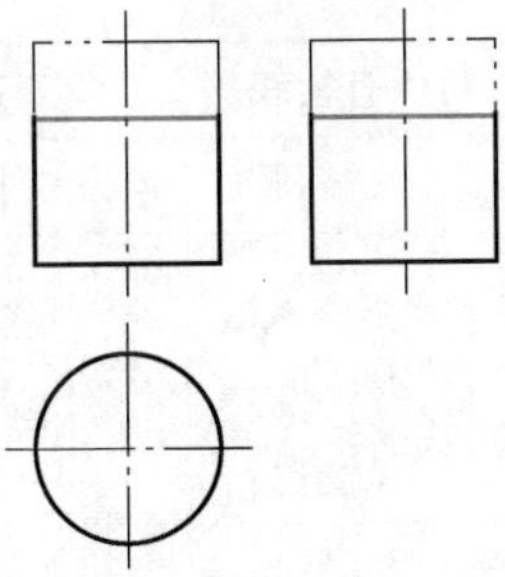	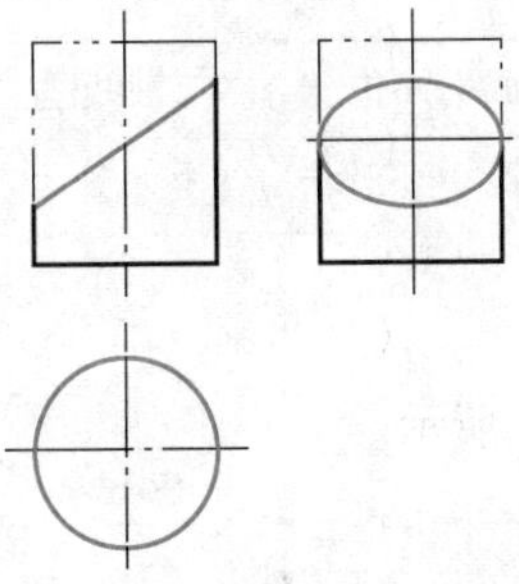

【例题 3-4】 如图 3-10（a）所示，已知圆柱上通槽的正面投影和水平投影，求其侧面投影。

【解】 分析：通槽是由一个与轴线垂直的 P 平面和两个与平轴线行的 Q 切出的。垂直于轴线的水平面 P 与圆柱面的交线为一段圆弧，平行于轴线的两个侧平面 Q 与圆柱面的交线是直线，如图 3-10（a）所示。

作图过程如下：

水平面 P 截交线的侧面投影积聚为一虚线，水平投影积聚在圆柱面的水平积聚投影上；侧平面 Q 与圆柱面交线为圆柱面的素线，可由水平投影求得其侧面投影，如图 3-10（b）所示。整理轮廓线时应注意，圆柱面对 W 面的轮廓线，在方槽范围内的一段已被切去，图中应擦除此部分的投影。水平面在侧平面投影范围之外为可见应画成粗实线。

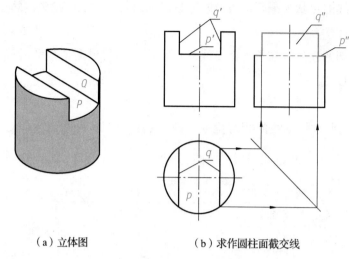

（a）立体图　　　　　　　　（b）求作圆柱面截交线

图 3-10　圆管上方开矩形槽

2. 平面与圆锥的相交

根据截平面与圆锥体轴线的相对位置不同，圆锥截交线有五种，即圆、椭圆、抛物线、双曲线及两相交直线，见表 3-2。

表 3-2　平面与圆锥面的交线

截平面位置	与轴线垂直	与所有素线相交	平行一条素线	平行两条素线	过锥顶
截交线形状	圆	椭圆	抛物线	双曲线	三角形
立体图					
投影图					

【例题 3-5】如图 3-11（a）所示，求圆锥被两个水平面 Q 和正垂面 P 截去一切口后的水平投影和侧面投影。

【解】分析：图 3-11（a）所示为一直立圆锥，两个水平截平面 P 垂直于圆锥轴线，其截交线均为平行圆锥底圆的圆（为直径不等的圆），水平投影反映两个圆的实形，其正面投影和侧面投影均积聚为一直线。截平面 Q 过圆锥锥顶且垂直于 V 面，其截交线为过锥顶的两条相交素线。三个平面均为不完整截切，截交线也均为不完整的截交线。三个截平面两两相交的交线均垂直 *V* 面。

作图步骤如下 ［见图 3-11（b）］。

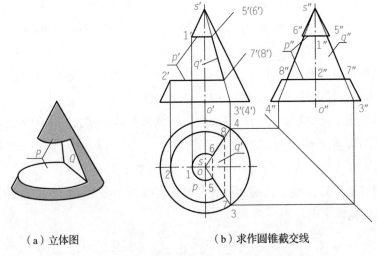

（a）立体图　　　　　　　（b）求作圆锥截交线

图 3-11　圆锥被水平面和正垂面截切

（1）求上面截平面 *P* 的截交线的投影。由 1′求 1、1″；以 *o* 为圆心，*o*1 为半径，画圆得其水平投影；由 1″作水平线得其侧面投影。

（2）求下面截平面 *P* 的截交线的投影。由 2′求 2、2″；以 *o* 为圆心，*o*2 为半径，画圆得其水平投影；由 2″作水平线得其侧面投影。

（3）求截平面 *Q* 的截交线的投影。由 3′4′求 34、3″4″；连接 s3、s4、s″3、s″4。

（4）求三个截平面两两相交的交线的投影。由 5′6′、7′8′求出 56、78 和 5″6″、7″8″。

（5）整理并加深轮廓线，注意可见性。形成切口的三个截平面为不完整截切圆锥表面，根据切口的位置，在水平投影中，截交线均可见，画成粗实线。但截平面之间的交线均不可见，画成细虚线；圆锥底圆没有截切到，圆锥水平投影的轮廓线不变。在侧面投影中，截交线及截平面之间的交线均可见，画成粗实线。但切口把圆锥表面最前、最后素线截去，应将切口处的圆锥轮廓线擦去，整理完成全图。

3. 平面与圆球的相交

平面与圆球的相交，截交线的形状是圆。截平面平行于投影面时，截交线在其所平行的投影面上投影反映实形，另外两个投影为长度等于直径的直线段。截平面垂直于投影面时，截交线在其所垂直的投影面上的投影为直线，长度等于截交线圆的直径，另外两个投影为椭圆。截平面倾斜于投影面时，截交线三个投影均为椭圆。

【例题 3-6】如图 3-12 所示，求圆球被截切后的正面投影和侧面投影。

【解】分析：如图 3-12（a）所示，该球上半球被两个侧平面和一个水平面截切成一缺口。两侧平面相互对称，截切圆球后形成的截交线为圆球表面的侧平圆，其水平投影有积聚性；水平面截切圆球后截交线为水平圆，其侧面投影有积聚性。两两截平面的交线为两条正垂线。下半球被一水平面截切，截交线为一完整水平圆。

作图步骤如下［见图 3-12（b）］：

（1）求上半球缺口截交线的投影。由 1′求 1、1″；以 o″为圆心，o″1″为半径，画圆弧，由 4′求 4、4″，分别过 1 与 4 作平行线；由 2′求 2、2″，以 o 为圆心，o2 为半径画圆弧，过 2″作水平线。

（2）求截切缺口的侧平面和水平面的交线Ⅴ Ⅵ。56 为所作投影连线与半径为 o2 圆弧的交点，5″6″为所作投影连线与半径为 o″1″圆弧的交点。

（3）缺口挖去了球面的侧面转向轮廓线，在侧面投影中擦去（图中未画出）。

（4）求下半球水平截切面的截交线。由 3′求 3、3″；以 o 为圆心，o3 为半径，画圆弧，过 3″画水平线。

（5）整理并加深轮廓线，注意可见性。5″6″直线及半径为 o3 的圆为细虚线，其余均为粗实线，整理完成全图。

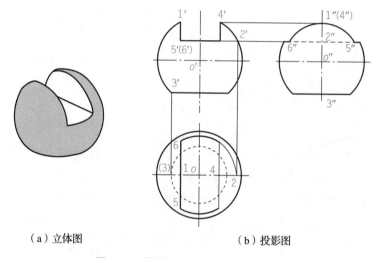

（a）立体图　　　　　　　　　　　（b）投影图

图 3-12　圆球被水平面和侧平面截切

3.3　立体与立体相贯

两立体相交称为两立体相贯，相贯的两立体为一个整体，称为相贯体。两立体表面的交线称为相贯线，相贯线是两立体表面的共有线，也是两立体的分界线，相贯线上的点是两立体表面的共有点。

相贯线的形状取决于两立体的形状以及它们之间的相对位置。根据相交两立体的形状不同，相贯有三种组合形式：两平面立体相交、平面立体与曲面立体相交、两曲面立体相交。不论何种形式的相交，与截交线类似，相贯线同样具有共有性、封闭性（特殊情况下不封闭）和表面性三个特性。

相贯线的几何性质：

（1）共有性。相贯线是两相交立体表面的共有线，也是两相交立体表面的分界线，相贯线上的点是两相交立体表面的共有点。

（2）封闭性。立体的表面是封闭的，一般情况下，两曲面立体的相贯线是闭合的空间曲线。

3.3.1　两平面体相贯

立体的相贯形式有两种：一是互贯，即两个立体各有一部分参与相贯，其相贯线只有一组，如图 3-13 所示；二是全贯，即一个立体完全穿过另一个立体，其相贯线有两组或一组，如图 3-14 所示。

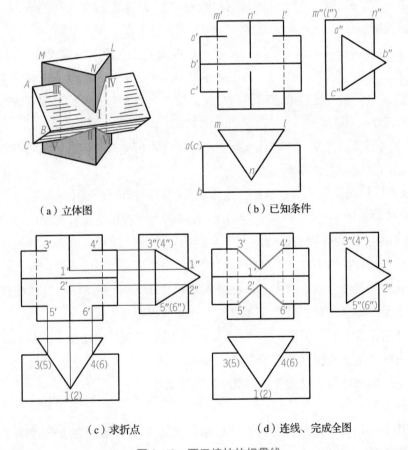

（a）立体图　　（b）已知条件

（c）求折点　　（d）连线、完成全图

图 3-13　两三棱柱的相贯线

相贯线的连点原则：①对两个立体而言均为同一棱面上的两点才能相连；②同一棱线上的两点不能相连。

相贯线投影可见性的判别原则：只有位于两立体都可见表面上的交线才是可见的，否则相贯线的投影不可见。

【例题3-7】如图3-13所示，求作两三棱柱的相贯线。

【解】分析：从图3-13（a）（b）可以看出，两个三棱柱体仅是部分相贯，是互贯，相贯线是一组封闭的空间折线。由于竖向三棱柱的水平投影有积聚性，所以相贯线的H面投影必然积聚在该棱柱水平投影的轮廓线上。同样，横向三棱柱的侧面投影有积聚性，相贯线的W面投影必然积聚在该棱柱侧面投影的轮廓线上，只需求作相贯线的V面投影。

如图3-13（a）（b）所示，只有竖向三棱柱的棱线N、横向三棱柱的棱线A和棱线C三条棱线参与相贯。每条棱线与另一个立体的棱面有两个交点，这六个交点即为所求相贯线的六个折点，求出这些点，按顺序连成折线即为相贯线。

作图步骤如下：

（1）求相贯线上的各个折点。如图3-13（c）所示。首先在W面投影上标出各个折点的投影：1″、2″、3″、4″、5″、6″，利用积聚性求得H面投影1、（2）、3、（5）、4、（6），再根据投影规律求出V面投影1′、2′、3′、4′、5′、6′。

（2）依次连接各点并判别可见性。根据"相贯线的连点原则"以及投影可判断出，V面投影的连点次序为1′—3′—5′—2′—6′—4′—1′。其中3′5′和6′4′两条交线为竖向三棱柱的左、右两棱面与横向三棱柱的后棱面的交线，故3′5′和6′4′不可见，用虚线连接，如图3-13（d）所示。

（3）补全各棱线的投影。相贯体实际上是一个实心的整体，因此，需将参与相贯的每条棱线补画到相贯线相应的各顶点上。

【例题3-8】如图3-14（a）所示，求作房屋模型的相贯线。

【解】分析：由图3-14（a）（b）可知，房屋模型可看作是棱柱相交的相贯体，即棱线垂直于W面的五棱柱分别与棱线垂直于V面的五棱柱以及棱线垂直于H面的四棱柱相贯。两相贯的五棱柱前后不贯通，又因它们具有共同的底面（无交线），因此只在前面形成一条不闭合的相贯线。由于两个五棱柱分别垂直于W面和V面，所以两棱柱相贯线的侧面投影和正面投影都已知，只需求其相贯线的H面投影。

五棱柱与四棱柱上下不贯通，四棱柱的四个棱面全部与五棱柱相交，是全贯，只有一组封闭的相贯线。由于五棱柱垂直于W面，四棱柱垂直于H面，所以两棱柱相贯线的侧面投影和水平投影都已知，只需求其相贯线的V面投影。

作图步骤如下：

（1）如图3-14（c）所示，求两五棱柱相贯线的H面投影。在V面投影上标出各个折点的投影1′、2′、3′、4′、5′、6′、7′，利用积聚性再标出W面投影，根据投影规律直接求出H面投影1、2、3、4、5、6、7，依次将各个点连成实线，即为相贯线的水平投影。

（2）如图3-14（d）所示，求五棱柱与四棱柱相贯线的V面投影。在H面投影上标出各个折点的投影 a、b、c、d、e、f，利用积聚性再标出 W 面投影，根据投影规律直接求出 V 面投影 a′、b′、c′、d′、e′、f′，依次将各个点连成粗实线，即为相贯线的正面投影。

　　应注意，当参与相贯的形体对称时，相贯线也是对称的，利用对称性可以简化作图。如垂直于 V 面的五棱柱的正面投影左右对称，相贯线也左右对称；而垂直于 W 面的五棱柱和四棱柱的水平投影和侧面投影前后、左右都对称，相贯线前后、左右也对称。

　　（3）补全各棱线的投影。

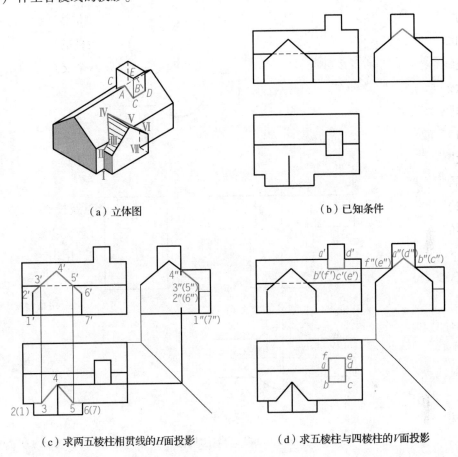

（a）立体图　　　　　　　　　　　（b）已知条件

（c）求两五棱柱相贯线的 H 面投影　　　（d）求五棱柱与四棱柱的 V 面投影

图 3-14　房屋模型的相贯线

3.3.2　平面体与曲面体的相贯

【例题 3-9】　如图 3-15 所示，求工程中常见梁、柱节点的相贯线。

【解】分析：该例是平面立体四棱柱与圆柱相贯情况，由于矩形梁的上表面与圆柱的顶面平齐，无交线，梁与圆柱为全贯，其相贯线是由一段平面曲线Ⅱ、Ⅲ、Ⅳ（圆弧）和两段直线Ⅰ、Ⅱ，Ⅳ、Ⅴ所组成的。每一段平面曲线或直线的转折点，就是平面体的侧棱与曲面体表面的交点。

在投影图中，相贯线的水平投影位于圆柱面的积聚投影上，相贯线的侧面投影位于矩形梁的积聚投影上，相贯线的水平投影和侧面投影均为已知。正面投影中，相贯线的直线部分反映实长，圆弧部分在矩形梁下底面的积聚投影上，如图3-15（b）所示。

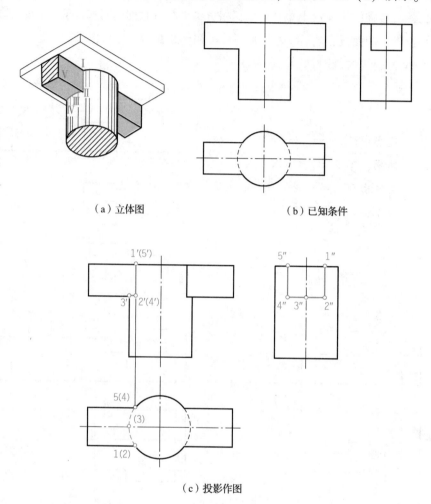

（a）立体图   （b）已知条件

（c）投影作图

图3-15　矩形梁与圆柱相贯线

作图过程如下：

作图时，先求出这些转折点，根据俯视图中1、(2)、4、(5)各点长对正，找到四棱柱四条棱线与圆柱面交点1′、2′、(4′)、(5′)。再根据俯视图中圆柱最左素线与四棱柱底面交点(3)，长对正找到3′。其中1′、2′和(4′)、(5′)是两段直线，2′、3′、(4′)为平面曲线是一段圆弧。右侧相贯线做法与其相同。

第4章 轴测投影

本章导读 >

　　多面正投影中的每个视图只能表达物体在长、宽、高三个方向中的两个方向的尺度，缺乏立体感，不易读懂。轴测投影图不同于多面正投影图，是一种单面平行投影图，能同时表现出形体的长、宽、高三个方向的形状，因而直观性较强。在工程图中轴测图一般仅用于辅助图样以弥补正投影图不易看懂的不足。

技能目标 >

　　● 了解轴测投影基本知识，包括轴测投影概念、轴测轴与轴间角、轴向伸缩系数以及轴测投影性质。
　　● 掌握正等测轴测图的画法。
　　● 掌握斜二轴测图的画法。

思政目标 >

　　在投影法教学中，通过透视图画的建筑物讲述我国建筑行业发展远景和超凡设计能力。

4.1 轴测图的基本知识

4.1.1 概述

1. 轴测图的形成

　　用平行投影法将物体连同确定该物体的直角坐标系一起，沿不平行于任一坐标平面的方向投射到一个轴测投影面上，所得到的图形称为轴测投影，简称轴测图，如图4-1所示。轴测图可使物体在一个独立的投影面上同时反映出空间物体的长、宽、高三个坐标方向的形状。

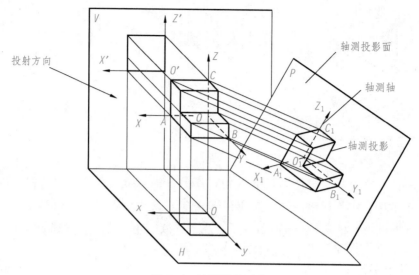

图 4-1 轴测图的形成

2. 几个名词

（1）轴测投影面。如图 4-1 所示，用于画轴测图的投影面，称为轴测投影面。

（2）轴测轴。相互垂直的三根坐标轴 OX、OY、OZ 在轴测投影面上的投影 O_1X_1、O_1Y_1、O_1Z_1，称为轴测轴。

（3）轴间角。轴测轴之间的夹角，称为轴间角。

（4）轴向伸缩系数。轴测轴上的单位长度与相应坐标轴上的单位长度的比值，称为轴向伸缩系数。OX 轴、OY 轴、OZ 轴的轴向伸缩系数分别用 p、q、r 表示，$p = O_1A_1 : OA$；$q = O_1B_1 : OB$；$r = O_1C_1 : OC$。

4.1.2 轴测图的分类

轴测图按投射方向是否垂直于轴测投影面分为两类：用正投影法所得到的轴测图，称为正轴测图；用斜投影法得到的轴测图，称为斜轴测图。

根据轴向伸缩系数是否相同，这两类轴测图又可分为三种：

（1）正（或斜）等轴测图（$p=q=r$）。

（2）正（或斜）二轴测图（$p=r\neq q$，$p=q\neq r$，$q=r\neq p$）。

（3）正（或斜）三轴测图（$p\neq q\neq r$）。

国家标准《房屋建筑制图统一标准》推荐使用正等轴测图、正二轴测图（$p = r = 2q$）和斜二轴测图（$p=r=2q$）。本章仅介绍正等轴测图和斜二轴测图的画法。图 4-2 为同一物体的三种轴测图。

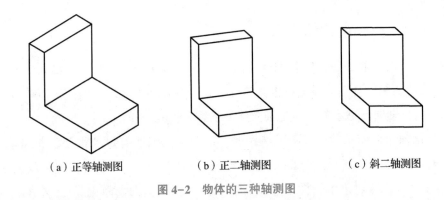

（a）正等轴测图　　　（b）正二轴测图　　　（c）斜二轴测图

图 4-2　物体的三种轴测图

4.1.3　轴测图的基本性质

轴测图是用平行投影法绘制的，因此具有如下平行投影的性质：

（1）物体上平行于投影轴（坐标轴）的直线，在轴测图中平行于相应的轴测轴，并有相同的伸缩系数。

（2）物体上互相平行的线段，在轴测图上仍互相平行。

（3）物体上与投影轴相平行线段，在轴测投影中可沿相应轴测轴的方向直接度量尺寸。所谓"轴测"就是沿轴向方向测量尺寸。

4.2　正等轴测图

如图 4-3（a）所示，投射线垂直于轴测投影面，且空间三根相互垂直的坐标轴与轴测投影面的倾角相等时，画出的轴测图称为正等轴测图，简称正等测。

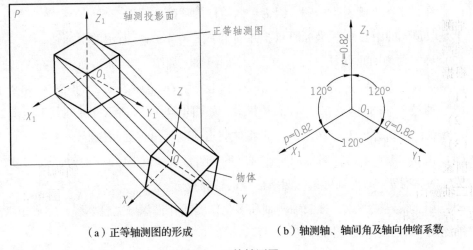

（a）正等轴测图的形成　　　　（b）轴测轴、轴间角及轴向伸缩系数

图 4-3　正等轴测图

4.2.1　轴间角和轴向伸缩系数

可以证明，正等轴测图的轴间角都相等，即 $\angle X_1 O_1 Y_1 = \angle X_1 O_1 Z_1 = \angle Y_1 O_1 Z_1 = 120°$，如图 4-3（b）所示。各轴向伸缩系数都相等，即 $p = q = r \approx 0.82$。为了作图方便和避免计算，常采用简化轴向伸缩系数，简化轴向伸缩系数为：$p = q = r = 1$。

采用简化轴向伸缩系数画正等轴测图时，沿各轴向的所有尺寸都用实长量取，作图简便。此时，画出的轴测图比按真实投影（伸缩系数为 0.82）画出的图形放大 1.22 倍（$1/0.82 \approx 1.22$）。这对理解物体形状没有影响，而作图却大大简化。

4.2.2　正等轴测图的画法

绘制轴测图的基本方法是坐标法，即按照物体上某些关键点的 X、Y、Z 坐标值作出这些点的轴测投影，再连线成图的方法。具体作图时，还可根据物体的形状特征采用叠加法或切割法等方法画轴测图。

无论采用什么方法绘制轴测图，要充分利用轴测图的性质作图，这样可以简明快捷，轴测图中一般不可见的虚线不画。

【例题 4-1】如图 4-4（a）所示，已知正六棱柱的两视图，用简化系数作正六棱柱的正等测图。

【解】分析：在本例中六棱柱上下底面有八条与坐标轴不平行的线段，这些线段在轴测图上的变形与平行坐标轴的线段不同，不能直接度量。因此在绘制倾斜的线段时，必须先找出其端点与 X、Y、Z 三个坐标轴的坐标关系，根据这个关系定出端点位置，然后用线段把它们连接起来。

作图过程如下：

（1）在投影图上确定坐标轴。因为正六棱柱的顶面和底面都是处于水平位置的正六边形，于是取顶面的中心 O 为坐标原点，并确定如图 4-4（a）所示的坐标轴。

（2）确定轴测轴原点 O_1 和 X_1、Y_1、Z_1 轴测轴，如图 4-4（b）所示，在 X_1 轴上对称原点两侧量取 $a/2$ 得到 1_1 和 4_1 两点，在 Y_1 轴上对称 O_1 点量取 $b/2$，得到 7_1 和 8_1 两点。

（3）通过 7_1 和 8_1 两点作 X_1 轴的平行线，如图 4-4（c）所示，并在其上定出 2_1、3_1、5_1、6_1 各点，使 $2_1 3_1 = 23$、$5_1 6_1 = 56$，再将这些点连线画出顶面六边形。

（4）由 6_1、1_1、2_1、3_1 各点向下作 Z_1 轴的平行线，如图 4-4（d）所示，并取线段长为六棱柱的高度 h，即得到可见的四条棱线的轴测投影。

（5）用直线连接各点，擦去轴测轴和多余作图线并描深可见轮廓线，完成正六棱柱的正等轴测图。作图结果如图 4-4（e）所示。

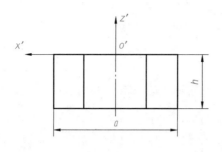

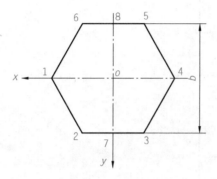

（a）投影图

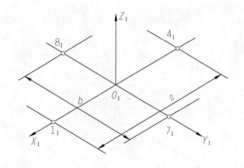

（b）确定轴测轴

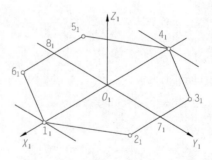

（c）绘制六棱柱顶面

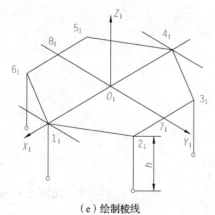

（e）绘制棱线

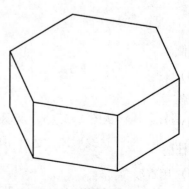

（f）检查加深

图 4-4　作正六棱柱的正等测图

4.2.3 平面立体正等轴测图常用的画法

1. 叠加法

【例题 4-2】如图 4-5 (a) 所示，已知形体的两面视图，试画其正等轴测图。

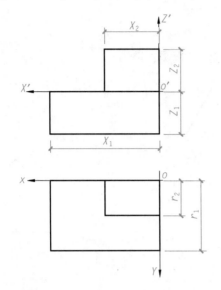

（a）在投影图确定坐标轴

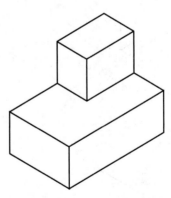

（b）确定轴测轴、作下方四棱柱

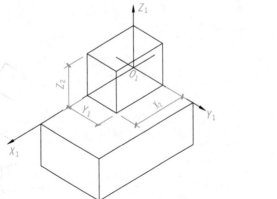

（c）做上方四棱柱

（d）检查加深

图 4-5 作叠加形体的正等测

【解】分析：从图 4-5 (a) 所示的两视图中可以看出，这是由两个四棱柱上下叠加而形成的形体，对于这类形体，适合用叠加法作图。

作图步骤如下：

（1）在图 4-5 (a) 视图中下面大四棱柱和上面小四棱柱的结合面，大四棱柱顶面右上角点确定为坐标轴原点（充分考虑不可见虚线不画问题）。

（2）在适当位置绘制轴测轴，按图所给尺寸，并利用轴测图性质绘制下面四棱柱，如图 4-5（b）所示。

（3）再画出上方四棱柱，如图 4-5（c）所示。

（4）底稿完成后，经校核无误，清理图面，按规定加深图线，作图结果如图 4-5（d）所示。

2. 切割法

【例题 4-3】如图 4-6（a）所示，已知形体的三视图，试画其正等轴测图。

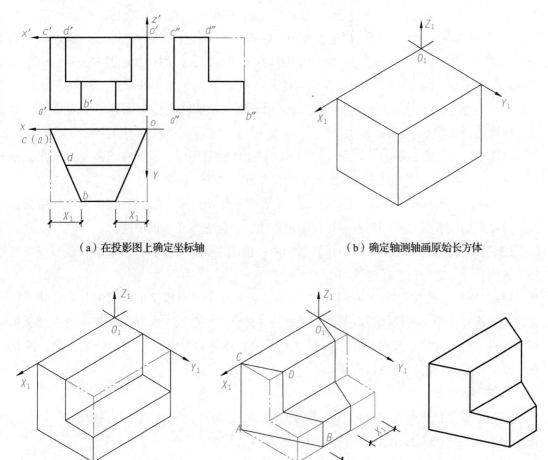

（a）在投影图上确定坐标轴　　　（b）确定轴测轴画原始长方体

（c）切成L形柱体　　　（d）左右分别用铅垂面切割　　　（e）检查加深

图 4-6　作切割型组合体的正等测

【解】分析：从图 4-6（a）所示的三视图中可以看出，该组合体的原始形体为长方体，如图 4-6（a）中添加了双点画线后的外轮廓所表示的形体，前上方被一正平面和水平面截切掉一个四棱柱，成为一个侧垂的 L 形柱体，之后再用两个左右对称的铅垂面斜截两个铅垂的 L 形柱体，形成切割型形体。

其作图步骤如下：

（1）在投影图上确定坐标轴，位置为长方体右上角，如图 4-6（a）所示。

（2）在适当位置画出轴测轴，然后画出未切割时的原始长方体的正等轴测图，如图 4-6（b）所示。

（3）用正平面、水平面切割长方体，画出切割后形成的 L 形柱体，如图 4-6（c）所示。

（4）画出用两个铅垂面对称的斜截 L 形柱体的正等测，如图 4-6（d）所示。应注意：图 4-6（d）中的 AB 斜线不平行于轴测轴，不能直接量取。点 B 只能在 L 形柱体底平面的平行于 OX 轴的前棱线上对应的量取视图中的长度 X_1 而定，然后将 A、B 两点连成直线 AB。图 4-6（d）中的 CD 线，可用作 AB 的同样方法作出，但因在轴测图中，平行两直线的轴测图仍平行，所以也可通过 C 直接作直线 CD∥AB。右侧切割的画法与左侧相同。

（5）校核已画出的轴测图，擦去作图线和不可见轮廓线，清理图面，按规定加深图线，作图结果如图 4-6（e）所示。

在这里需向读者说明的是：由已知形体的视图画轴测图时，底稿线只需画细实线，作图过程中不必标注尺寸，只要按投影图中的尺寸画轴测图。例题 4-1、例题 4-2、例题 4-3 图中标注的尺寸和双点画线，是为了方便读者理解作图过程。作图过程中，叠加后被遮或不再存在的轮廓线，被切割掉不存在的轮廓线，都应立即在底稿中擦去。

【例题 4-4】如图 4-7（a）所示，已知由楼板、主梁、次梁和柱组成的楼盖节点模型的三视图，作出它的仰视正等轴测图。

【解】分析：先按形体分析法读懂三视图，了解这个节点模型的组成部分和形状。在读图和分析过程中，假想楼板与下面的梁、柱分开，于是在正立面和左侧立面中添加了用细实线表示的投射线。按题目要求画仰视正等测，坐标选择从下向上的投射方向，能把梁、柱、板相交处的构造表达清楚。

作图步骤如下：

（1）在投影图上确定坐标轴，考虑图形以中心点对称，并且画其仰视轴测图，因此，把坐标轴原点选在楼板底面中心处，如图 4-7（a）所示。

（2）围绕轴测轴，画出楼板以及主梁、次梁和柱与楼板下面交线，如图 4-7（b）所示。

（3）由楼板与柱的交线向下作平行线，截取主视图柱的高度画出柱轴测图，如图 4-7（c）所示。

（4）画左前方可见的主梁、次梁，从图 4-7（c）中楼板底面与梁柱交线前方、右方的 A、B 等端点向下引垂线，在正立面图或在侧立面图中分别量取主梁与次梁的高度尺寸后，在诸垂线上分别截取它们的高度尺寸，并将截得的点连成底面的轮廓线，即得出可见的前方次梁、右方主梁。用同样的方法，对称地画出右后方、左方可见的次梁、主梁，如

图 4-7（d）所示。

（5）完成底稿校核后，擦去辅助的作图线和不可见轮廓线，清理图面，加深图线，就作出了楼盖节点的仰视正等测图，如图 4-7（e）所示。

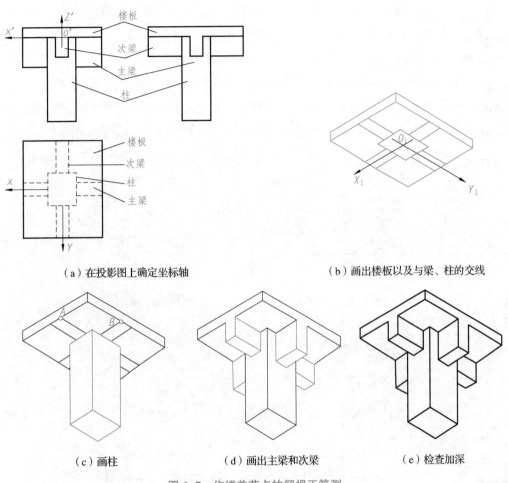

（a）在投影图上确定坐标轴　　　　　　　　　　（b）画出楼板以及与梁、柱的交线

（c）画柱　　　　　　　　（d）画出主梁和次梁　　　　　　　　（e）检查加深

图 4-7　作楼盖节点的仰视正等测

4.2.4　曲面体正等轴测图画法

1. 平行于坐标面的圆的画法

在正投影中，如果圆平行于某一投影面，其投影仍为圆；如果圆倾斜于投影面，其投影为椭圆。因此，在正等测中，平行于坐标面的圆其投影为椭圆，且常用近似画法——四心法作图。如图 4-8（a）所示，已知平行于水平面的圆，作其正等测，作图方法和步骤如图 4-8 中的红色图形所示：

（1）如图 4-8（a）所示，在已知圆平面上画坐标轴，坐标轴原点为圆的圆心，并作四条边平行于坐标轴的圆外切正方形 ABCD，得切点 1、2、3、4。

（2）如图 4-8（b）所示，在适当位置定轴测轴原点 O_1，过点 O_1 作轴测轴 O_1X_1、O_1Y_1，从点 O 分别量取圆的半径的真长，得 1、2、3、4 四点，再由它们作轴测轴 O_1X_1、O_1Y_1 的平行线，交得一个菱形 $ABCD$，即为圆的外切正方形 $ABCD$ 的正等测。

（3）作四段圆弧的圆心。如图 4-8（c）所示，菱形短对角线的顶点 O_2、O_4 是两段大弧的圆心，小弧的圆心 O_1、O_3 在长对角线上，也就是分别过点 1、2、3、4 与 O_2、O_4 连线与长对角线的交点。

（4）画四段圆弧。如图 4-8（d）所示，分别以 O_2、O_4 为圆心，长度 $R_2 = O_2 2 = O_4 1$ 为半径画两段大弧，再分别以点 O_1、O_3 为圆心，$R_1 = O_4 4 = O_3 3$ 为半径画两段小弧，四段弧分别于点 1、2、3、4 处相切，即画出了平行于 H 面的圆的正等测近似椭圆。

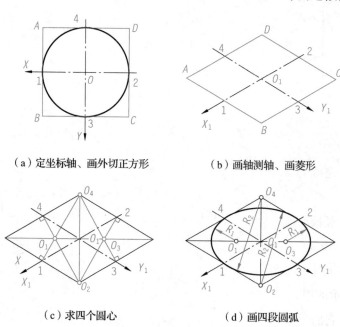

（a）定坐标轴、画外切正方形　　　　（b）画轴测轴、画菱形

（c）求四个圆心　　　　（d）画四段圆弧

图 4-8　平行于 H 面的圆的正等测椭圆的近似画法

2. 圆柱体正等轴测图

图 4-9 是一个铅垂圆柱的正等测，直径为 24 mm，高度为 20 mm。作图时，可按图 4-8 所介绍的方法，作出圆柱顶圆的正等测；再从顶圆的圆心 7、5、6 点向下引铅垂线，并量取高度 20 mm，得底圆的圆心 7_1、5_1、6_1，用同样的方法作底圆的正等测椭圆。然后作出椭圆的顶圆和底圆的轴测图的铅垂的公切线，就画出了这个圆柱的正等测。上述方法比较复杂，由于顶圆和底圆的正等测是沿铅垂线方向相距 20 mm 的全等椭圆，所以画底圆近似椭圆时，只需将可见投影所需要

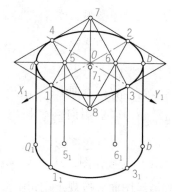

图 4-9　作铅垂圆柱的正等测

的各段圆弧的圆心和切点，都从画顶圆已画出的诸圆弧的圆心和切点下移 20 mm，就能画出底圆正等测的可见轮廓线，如图 4-9 所示，下移后各点的字母或数字符号都加注下标"1"这样作图较为简便，具体作图过程如图 4-9 所示。

3. 带曲面形体正等轴测

【例题 4-5】如图 4-10（a）所示，已知形体的两面视图，画其正等测。

【解】分析：先读懂图 4-10（a）所示的两视图，从图中可以看出：这个形体由底板和竖板叠加而成。底板的左前角和右前角都是 1/4 圆柱面形成的圆角，竖板具有圆柱通孔和半圆柱面的上端。形体左右对称，竖板和底板的后壁位于同一个正平面上。

作图步骤如下：

（1）画矩形底板。在图 4-10（a）的平面图中添加红色图形所示的双点画线，假定它是完整的矩形板，画出它的正等测，如图 4-10（b）所示。

（2）画底板上的圆角。如图 4-10（b）所示，从底板顶面的左右两角点，沿顶面的两边量取圆角半径，得切点。分别由切点作出它所在的边的垂线，交得圆心。由圆心和切点作圆弧。沿 OZ 轴向下平移圆心一个板厚，便可画出底板底面上可见的圆弧轮廓线。沿 OZ 轴方向作出右前圆角在顶面和底面上的圆弧轮廓线的公切线，即得具有圆角底板的正等测。完成后，可及时擦掉图中以黑色双点画线所代表的这个形体上实际不存在的图线。

（3）画矩形竖板。按平面图、立面图中所添加的红色的双点画线，假定竖板为完整的矩形板，如图 4-10（c）所示，画出其正等测。

（4）在竖板上端画半圆柱面。如图 4-10（d）所示，在矩形竖板的前表面上作出图 4-10（a）中所示的中心线，即过圆孔口中心的轴测轴 O_1X_1、O_1Z_1（此例轴测轴省略没画）的平行线，它们与完整的矩形竖板前表面的轮廓线有三个交点，过这三个点分别作所在边的垂线，垂线的交点便是近似轴测椭圆圆弧的圆心。由此可分别画大弧与小弧。用向后平移这两个圆心一个板厚的方法，即可画出竖板后表面上的半圆轮廓线的近似轴测椭圆的大、小两个圆弧，作 OY 方向的公切线，将竖板上端改画成半圆柱面，并且及时擦掉图中以黑色双点画线表示的这个组合体上实际不存在的图线。

（5）画圆柱通孔。如图 4-10（e）所示，圆柱形通孔画法基本上与画正垂圆柱相同，但要注意竖板后表面上圆孔的可见部分，在正等测中应画出用圆弧代替的近似椭圆弧的轮廓线，也可以应用向后平移前孔口的近似轴测椭圆弧的圆弧的圆心一个板厚的方法而求得。

（6）完成作图。从图 4-10（b）至图 4-10（e）完成这个形体的正轴测底稿后，经校核和清理图面，按规定用粗实线加深诸可见轮廓线，完成全图，如图 4-10（f）所示。

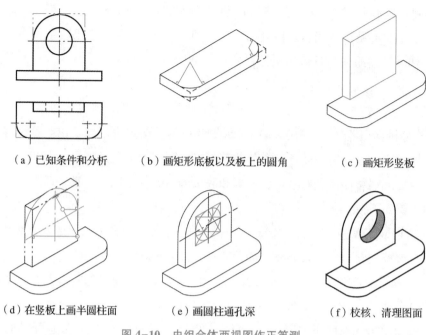

（a）已知条件和分析　　　　（b）画矩形底板以及板上的圆角　　　　（c）画矩形竖板

（d）在竖板上画半圆柱面　　　　（e）画圆柱通孔深　　　　（f）校核、清理图面

图 4-10　由组合体两视图作正等测

4.3　斜二轴测图

4.3.1　轴间角和轴向伸缩系数

　　绘制斜二轴测图时，使轴测投影面平行于正立投影面，投影方向倾斜于轴测投影面，轴测轴 O_1X_1、O_1Z_1 分别与投影轴（坐标轴）OX、OZ 平行，轴间角 $\angle Z_1O_1X_1 = 90°$，轴间角 $\angle X_1O_1Y_1 = \angle Y_1O_1Z_1 = 135°$，正面斜二测有两个轴向伸缩系数相等，$p = r = 1$，$q = 0.5$，如图 4-11（a）为四棱柱的投影图，图 4-11（b）为轴间角大小和轴测轴的方向以及各轴向伸缩系数，图 4-11（c）是四棱柱斜二轴测图。

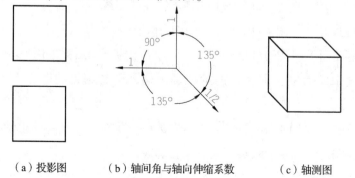

（a）投影图　　　　（b）轴间角与轴向伸缩系数　　　　（c）轴测图

图 4-11　斜二轴测图

4.3.2　斜二轴测图的画法举例

【例题 4-6】画出图 4-12（a）所示形体的斜二轴测图。

【解】分析：该形体只有正面投影有圆，绘制斜二轴测图比较简便。

作图步骤如下：

（1）在投影图上选择坐标原点和坐标轴的方向，O 点位于前面圆孔的中心。Y 轴向后为正向，如图 4-12（a）所示。

（2）在适当位置画出轴测轴，先画形体前面的形状，由于 X 轴和 Z 轴的轴向伸缩系数均为 1，形体正面的轴测投影不变形，所以形体前面的轴测投影与正面投影完全一样，如图 4-12（b）所示。

（3）在 Y_1 轴上取 $O_1O_2 = l/2$，画出后面的形状。画后面时，仍可用平移法，如圆心 O_1 沿 Y_1 轴向后平移 $l/2$ 距离。接着画出形体前后面轮廓的连线。形体上端半圆柱面轴测投影轮廓线按两圆弧的公切线画出，如图 4-12（c）所示。

（4）擦去作图线，描深全图，结果如图 4-12（d）所示。

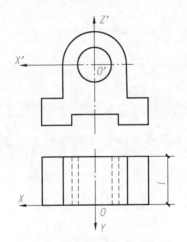

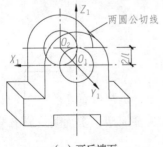

（a）投影图及选定坐标轴

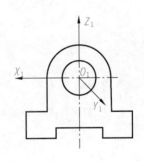

（b）画轴测轴及前端面

（c）画后端面

（d）检查加深

图 4-12　作形体斜二轴测图

第 5 章 组合体

本章导读

工程形体的形状是多种多样的，但都可以看作是由一些基本几何体按一定的组合形式组合而成。本章介绍组合体的画法、尺寸标注、组合体投影图的识读方法。

技能目标

- 掌握形体分析法，能够绘制组合体的投影图。
- 掌握组合体投影图的尺寸标注方法。
- 能够利用形体分析法和线面分析法识读组合体投影图，培养空间思维能力。

思政目标

通过组合体内容的学习，引导学生体会每位同学在班级或任何集体中都是不可缺少的组成成员，只有大家同心协力，组成一个坚强的整体，才能顺利完成各项工作和任务。

5.1 组合体视图

5.1.1 组合体的构成形式及分析

1. 组合体的构成形式

建筑物及其构配件的形状是多种多样的，但经过分析都可看作是由一些基本几何体按一定的组合形式组合而成的组合体。组合形式可分为叠加型、切割型及既有叠加又有切割的混合型。

1）叠加型组合体。由两个或两个以上的几何体按不同形式叠加（其中也包括相交和相切）而成的组合体。如图 5-1（a）所示的组合体，是由带有半圆柱面的四棱柱、圆柱体和带有弧面的三棱柱三个基本几何体组成，如图 5-1（b）所示。四棱柱前后表面与圆柱面相切，底面平齐，三棱柱前后表面与圆柱面相交，三棱柱在四棱柱之上、圆柱体之左前后对称放置。

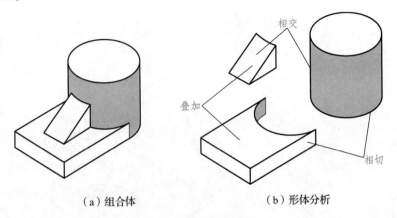

相交

叠加

相切

（a）组合体　　　　　　　　（b）形体分析

图 5-1　叠加型组合体

2）切割型组合体。由一个立体切割掉若干个几何体而形成的组合体。如图 5-2 所示，基本形体为四棱柱，在其左上角切割去一个小长方体。然后在左边平台上挖掉一圆柱，形成圆孔。再在右上方切割去一个梯形四棱柱，形成切割型组合体。

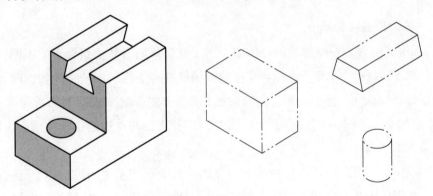

图 5-2　切割型组合体

3）混合型组合体。形状比较复杂的立体，组合体的各个组成部分之间既用了叠加的组合形式，也用了切割的组合形式。如图 5-3 所示组合体，可看成由上部、中部、下部各一个几何体叠加而成。上部的几何体是一个水平放置的圆柱，中间挖了一个圆孔。中部的几何体是一个具有大半圆柱槽的棱柱体；下部的几何体是一个四棱柱，前面挖掉一个半圆孔，底部切掉一个长方体。

2. 形体分析法

将组合体分解成由若干基本形体，经叠加或挖切等方式组成，分析这些基本形体的形状大小与相对位置，从而得到组合体的完整形象，这种方法称为形体分析法。如图 5-3 所示，底板在最下面，最上面是圆筒，支撑板在中间，三者后面对齐，整体左右对称。实际上，组合体是一个整体，将它看作由若干个几何体叠加或切割掉若干个几何体，仅是一种假设，是为了理解它的形状而采用的一种分析手段。

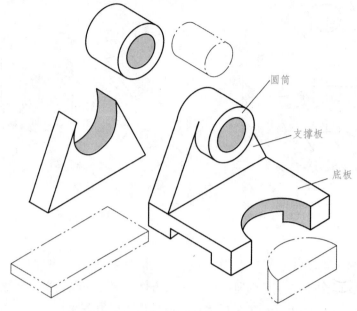

图 5-3　混合型组合体

3. 组合体表面连接关系

1）表面平齐与否。在叠加型组合体中，由于几何体的形状及组合形式不同，其画法也不同。如图 5-4（a）所示，具有半圆柱的放倒棱柱与下面的四棱柱叠加，两者前表面平齐，相接处不应画线。然而，两者左表面不平齐，其左视图该处画线。

2）表面相交。如图 5-4（b）所示，直立圆筒外表面与左边的拱形体前后表面相交，相交处应该画线。

3）表面相切。如图 5-4（c）所示，直立圆筒外表面与左边的拱形体前后表面相切，相切无线。拱形体上端面主视图直线右端点 a'（b'）与俯视图 ab 长对正，上端面左视图长度 $a''b''$ 等于俯视图 ab 长度。

5.1.2　组合体三视图的画法

1. 综合型组合体画法

1）形体分析。形体分析就是先把一个复杂的组合体分解成若干个简单的基本几何体，以便认识组合体每个部分的形状，然后再把这些基本几何体按照它们之间的相对位置和组合方式综合成原来的组合体，以便认识组合体的整体形状。

形体分析法的全过程，简单地说就是："先分解，后综合，分解识部分，综合识整体"。需要注意的是，组合体各表面之间都有一定的连接关系，如共面与不共面、相切与相交等，画图时是有区别的。

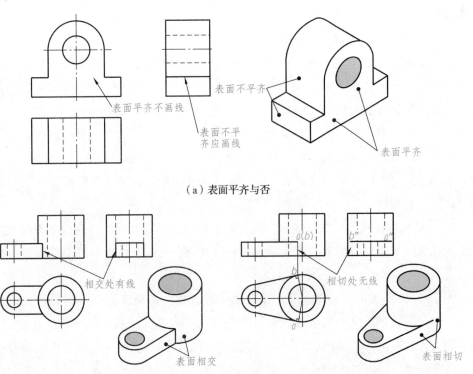

（a）表面平齐与否

（b）表面相交 　　　　　　　　　（c）表面相切

图 5-4　组合体相接处的画法

如图 5-5 所示，该组合体由底座、立板、两个侧板四部分基本几何形体组成的。底座、立板都是矩形板，立板正中的圆孔显然是挖去了个圆柱形成，两个侧板是相同的梯形板。四部分几何体的相对位置是：立板叠在底座之上，左右居中，立板后表面与底座后表面平齐（共面），圆孔在立板上左右上下居中；两个侧板在底座之上方，立板之前，且左右两侧面与立板两侧面平齐（共面）。整个形体左右对称。

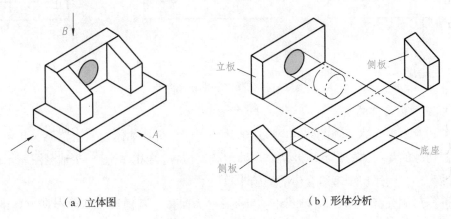

（a）立体图 　　　　　　　　　（b）形体分析

图 5-5　组合体的形体分析

2）视图选择。视图选择的关键是选择主视图。主视图能反映组合体的形状特征，并能兼顾其他视图的合理选择。

选择主视图时应注意以下三条原则。

（1）正常位置。把物体向投影面进行投影时，物体本身必须有个固定的位置，这个位置应该是物体在正常状态下或使用条件下摆放的位置。如图5-5（a）所示的涵洞口，它的正常位置是底座在下，洞口在前。

（2）特征面。物体上形状特征最强的一面称为特征面，把物体的特征面摆在前面即可得到一个最能反映物体形状特征的主视图。如图5-5（a）所示物体的洞口方向（即 A 向）应为自前向后投射方向，即主视投射方向。从这个方向看，最能反映物体的形状特征以及各部分之间的相对位置。

（3）尽量减少各视图中的虚线。主视投射方向一经确定之后，其他投射方向也就全都确定了，在选择主视投射方向时要兼顾俯视和左视两个投射方向，尽可能地减少这两个视图中的虚线。

如图5-5（a）所示，先将组合体按自然位置放稳，并使其主要表面平行或垂直于投影面，以便视图较多的反映实形或积聚性，便于画图和看图。按图所示 A、B、C 三个方向投影进行比较，选择主视图。若以 A 向投影作为主视图，能反映底座的长度和厚度；立板的长度与高度，还有过水圆孔的直径和位置；两侧板的高度与厚度。也能反映它们之间的上下左右位置，如图5-6（a）所示。若以 B 向投影作为主视图，只反映底座的形状和它们之间的位置，圆孔反映不清楚，显然没有 A 向为好，如图5-6（b）所示。若以 C 向投影作为主视图，主要反映了侧板的形状，且虚线较多，如图5-6（c）所示。综合比较选 A 向作为主视图投射方向更好。

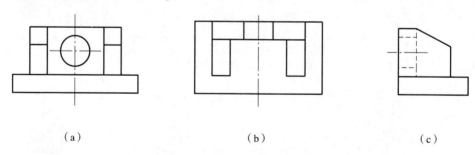

（a）　　　　　　　　　　（b）　　　　　　　　　　（c）

图5-6　分析主视图投影方向

2. 切割型组合体画法

对于切割型组合体，画图前，应该用形体分析法分析基本体的原始几何形状，再分析各个被截切掉的几何体的形状以及对基本体的相对位置。现以画图5-7轴测图所示的榫头的三视图为例，阐述切割型组合体的画图步骤。

先进行形体分析，榫头基本形体的原始形状为四棱柱，即长方体。在长方体的上方，左右对称地切割掉两个大小相同的三棱柱，然后在左侧用正垂面切割掉一个斜截六棱柱，最后在左上方竖直的挖掉一个"1"形柱体，形成前后对称的通孔槽。

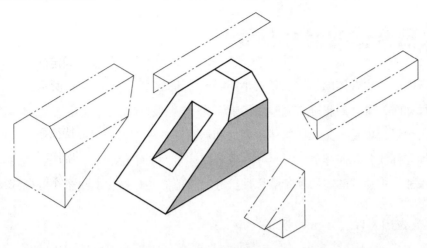

图 5-7　榫头的形体分析

　　画图步骤如图 5-8 所示，画切割型组合体应首先画出基本形体原始形状的三视图，再根据被切割的顺序依次画出被切后的投影。其他步骤与叠加型组合体类同，读者可自行分析。画图时，一般都是先画底稿。画底稿时，图线按各种线型都用细线线宽清晰、轻淡地画出，底稿全部完成后，再校核，如有错误，即行修正。底稿校核无误后，清理图面，全部按规定的图线描深。画底稿时，被切割后就可将不存在的图线立即用橡皮擦去，不必再画双点画线，图中所加的双点画线是为了使读者易于理解作图过程所画出的。

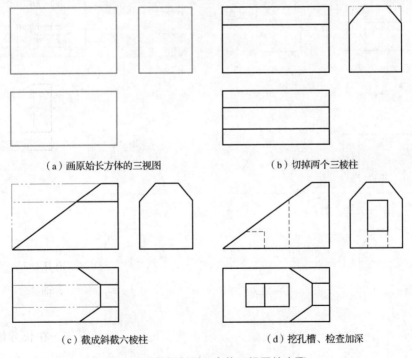

（a）画原始长方体的三视图　　　　　　　　（b）切掉两个三棱柱

（c）截成斜截六棱柱　　　　　　　　　　　（d）挖孔槽、检查加深

图 5-8　画切割型组合体三视图的步骤

5.2 组合体的尺寸标注

视图只能表达组合体的形状，其大小还需尺寸来确定。

标注尺寸时，要做到正确、完整和清晰。为了达到这些要求，必须掌握基本形体的尺寸标注。由于组合体是一些几何体通过叠加和切割等各种方式而形成的，因此，标注组合体尺寸必须先标注各几何体的定形尺寸和各几何体之间的定位寸尺，最后，再考虑标注组合体的总尺寸。按这样的方法和步骤标注尺寸，就能完整地标注出组合体的全部尺寸。

5.2.1 基本几何体的尺寸标注

1. 常见基本形体的尺寸标注

常见的基本几何体有棱柱、棱锥、圆柱、圆锥和球等。图5-9为一些常见的基本几何体尺寸标注的示例。基本几何体的尺寸一般只需注出长、宽、高三个方向的定形尺寸。

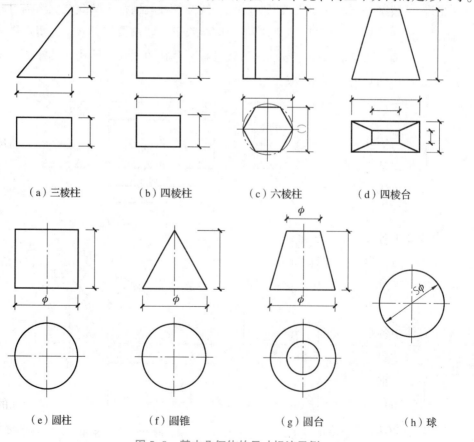

（a）三棱柱　　　（b）四棱柱　　　（c）六棱柱　　　（d）四棱台

（e）圆柱　　　（f）圆锥　　　（g）圆台　　　（h）球

图5-9　基本几何体的尺寸标注示例

图 5-9（a）（b）（c）（d）为平面立体，所注尺寸应按该形体拉伸过程标注为宜。一般标注形体底面尺寸和拉伸高度尺寸。

图 5-9（e）（f）（g）为最常见的三种曲面立体，需注写它们的直径与高度尺寸。对于直径尺寸宜注写在非圆的视图中，数字前应加注符号"ϕ"。

图 5-9（h）所示的曲面立体为球体，在直径符号 ϕ 前应加注字母 S。

2. 基本形体被平面截切或开槽的尺寸标注

如图 5-10 所示，当标注被截切的立体的尺寸时，应标注基本体的定形尺寸，并标注确定截平面位置的定位尺寸，而不标注截交线的尺寸。

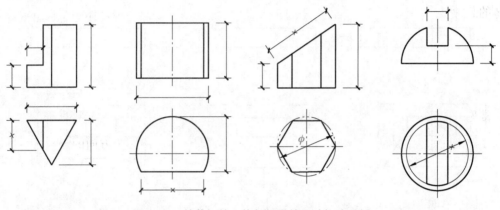

图 5-10　被截切的立体与相贯的尺寸标注示例

5.2.2　组合体尺寸种类

按照形体分析法，组合体可分解成若干个基本形体。确定基本形体形状大小的尺寸称为定形尺寸；确定基本形体之间相对位置的尺寸称为定位尺寸；确定组合体总长、总宽、总高的尺寸称为总体尺寸。在图样上，一般要标注这三类尺寸。

1. 定形尺寸

确定组合体中各基本体大小的尺寸，称为定形尺寸。

如图 5-11（a）所示，底板的外形尺寸长 70、宽 40、厚度 12，底板前端面圆角 R10，两孔直径 ϕ10；底板上端四棱柱长 32、宽 12、高 38，四棱柱有一通孔直径为 ϕ16。

2. 定位尺寸

确定组合体中各基本体之间相对位置的尺寸，称为定位尺寸。

标注定位尺寸要选择尺寸基准，常作为尺寸基准的有：形体对称面；上下底面、前后左右端面；圆心；轴线；等等。

如图 5-11（b）所示，长度基准选择形体左右对称面，标注底板上 ϕ10 两圆孔的左右定位尺寸 50，底板上两孔的前后定位尺寸 30，则是以底板后端面作为宽度基准标注的，四棱柱后端面距离该基准定位尺寸为 8，四棱柱上 ϕ16 通孔的高度定位尺寸 34 的基准是形体的底面。

3. 总体尺寸

表示组合体总长、总宽、总高的尺寸，称为总体尺寸。

从图5-11（c）中可看出，形体的总长即底板的长度尺寸70，总宽尺寸即底板的宽度尺寸40，总高尺寸是底板厚度12和四棱柱高度尺寸38之和，但是要直接标注50。

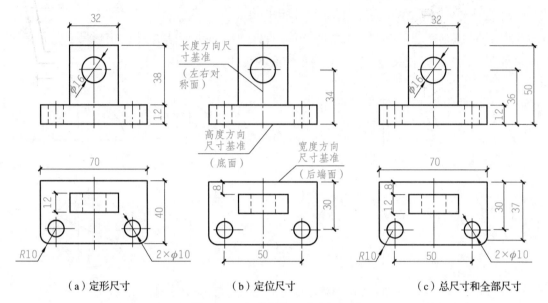

（a）定形尺寸　　　　　　　（b）定位尺寸　　　　　（c）总尺寸和全部尺寸

图5-11　组合体的尺寸分析示例

结合前述定形尺寸和定位尺寸协调标注出该组合体的全部尺寸。

5.2.3　标注组合体尺寸的方法和步骤

如图5-12所示，在水槽组合体的三视图上标注尺寸的方法和步骤如下：

如图5-12（a）所示，该水槽体由三部分组成，上部分水槽体的外形尺寸为620×450×250，水槽四面壁厚分别为25，槽底厚也为25，底部放水孔直径为40。

支承板为直角梯形空心板，外形尺寸为：底边550，两直角边分别为400和310，板厚50，制成空心板后的四条边框的宽度分别为水平方向50，铅垂方向50。

第一步：标注各基本体的定形尺寸。标注水槽体的外形尺寸620、450、250；标注四壁的壁厚均为25，底厚25；槽底圆柱孔直径$\phi40$。标注支承板的外形尺寸550、400、310和板厚50，空心板后边框四周沿水平和铅垂方向的边框尺寸50和50。

第二步：标注定位尺寸。水槽体底面上$\phi40$圆柱孔沿长度方向的定位尺寸，因左右对称，标注两个310。宽度方向定位尺寸，因前后对称，标注两个225。标注两支承板之间沿长度方向的定位尺寸520。

第三步：标注总体尺寸。水槽的总长、总宽尺寸与水槽体的定形尺寸相同，即总长

620，总宽 450。总高尺寸 800，是这两个基本体的高度相加后的尺寸。

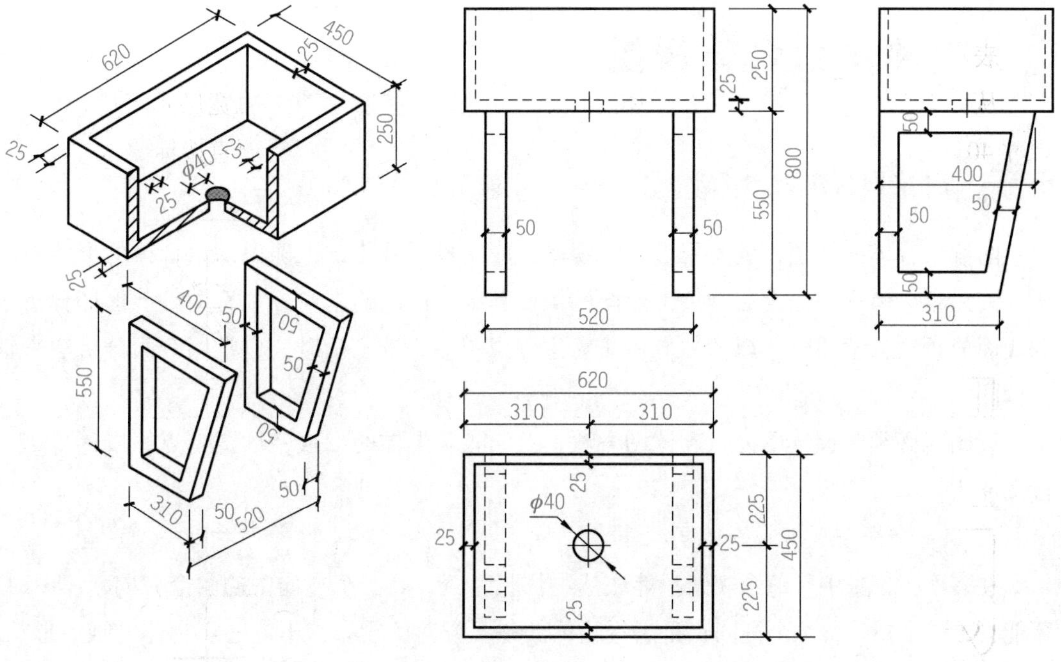

（a）立体图　　　　　　　　　　　　　（b）尺寸标注

图 5-12　标注组合体尺寸的方法和步骤

5.2.4　合理布置尺寸的注意事项

组合体的尺寸标注，除应遵守第 1 章中所述尺寸注法的规定外，还应注意做到：

（1）应尽可能地将尺寸标注在反映基本体形状特征明显的视图上。如图 5-12 中支承板的定形尺寸，除板厚 50 外，其余都集中注在左侧立面图上。

（2）为了使图面清晰，尺寸应注写在图形之外。但有些小尺寸，为了避免引出标注的距离太远，也可标注在图形之内。如图中的尺寸 25、φ40、50 等。

（3）两视图的相关尺寸，应尽量标注在两视图之间；一个基本体的定形和定位尺寸应尽量注在一个或两个视图上，以便读图。如图中 620、520，450、310，225、550、800 等尺寸。

（4）为了使标注的尺寸清晰和明显，尽量不要在虚线上标注尺寸。如两支承板外壁间的距离 520 mm，标注在正立面图的实线上，而不注在平面图的虚线上。

（5）一般不宜标注重复尺寸，但在需要时也允许标注重复尺寸，例如图 5-12 中有三组尺寸：310、310、620，225、225、450，550、250、800，每组各有一个重复尺寸，都是为了便于看图而标注的。

5.3　阅读组合体视图

5.3.1　读组合体视图的要点

阅读组合体的视图，就是根据已知视图，应用投影规律，正确识别组合体的形状与结构。读懂组合体视图是今后阅读专业图的重要基础。读图的基本方法有两种：形体分析法和线面分析法。读图时，以形体分析法为主；当图形比较复杂时，也常用线面分析法来辅助读图。

读图时必须掌握读图要点和读图方法，总结各类形体的形成及读图特点，以逐步培养读图能力。

1. 将几个视图联系起来读图

在多面正投影中，每个视图只能表达物体长、宽、高三个方向中的两个方向，读图时，不能只看一个视图，一个视图只是表达物体的一个方向的投影，不能确定物体的唯一形状。在看图时，必须把已知的几个视图联系起来分析，才能确定物体的形状。如图 5-13 所示，它们的主、俯视图均相同，但左视图不同，就表示了不同的形体。

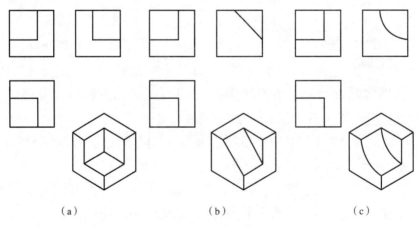

（a）　　　　　　　　　　（b）　　　　　　　　　　（c）

图 5-13　按投影规律读图

2. 要抓住视图特征分析

1）基本几何体的视图特征。熟练掌握基本几何体的视图特征，就能利用投影规律迅速地判断基本形体的形状及其与投影面的相对位置，这是看懂组合体的基本条件。例如：若三个视图都是矩形，可以判定这个形体为四棱柱（长方体）；若一个视图为圆，另两个视图为全等矩形，这个形体必是圆柱体，而且圆柱轴线必垂直于视图为圆的投影面。

2）形状特征。较简单的组合体可以看作是基本几何体经简单的切割或简单的叠加所形成的。读这些简单的组合体时，应按三等规律抓住明显反映形状特征的视图，如图 5-14（a）所示的三视图中，主视图的形状特征明显，图 5-14（b）（c）所示的三视图中分别是俯视图和左视图图的形状特征明显。所以读图时要先看形状特征明显的视图，再对照其他视图，才能较快地识别组合体的形状。

（a）主视图性转特征明显　　　（b）俯视图性转特征明显　　　（c）左视图性转特征明显

图 5-14 反映形状特征的组合体视图读图示例

3）位置特征。抓住位置特征视图分析，有助于确定构成组合体的基本形体之间的相对位置，从而确定组合体。如图 5-15（a）所示，从主、俯视图很难确定圆柱和四棱柱的空间位置，就可能造成多解，如图 5-15（c）（d）所示，若抓住左视图中的位置特征 ［见图 5-15（b）］ 就能确定这些基本形体的位置，确定该组合体确切形状。

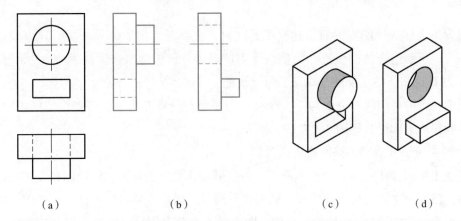

（a）　　　　　　　（b）　　　　　　　（c）　　　　　　　（d）

图 5-15 反映位置特征的组合体视图的读图示例

3. 读懂视图中的每条图线和每个线框所代表的含义

视图是由图线及线框构成的，读图时要正确读懂每条图线和每个线框所代表的含义，如图 5-16 所示。

1）图线有下述几种含义：①表示投影有积聚性的平面或曲面；②表示两个面的交线；③表示曲面的外轮廓线。

2）线框有下述几种含义：①表示一个平面

②表示一个曲面

3）线框中的线框。线框中的线框不是凸起就是凹下，如图 5-16 俯视图的圆在六边形中，该圆柱在六棱柱之上（凸起），圆中正方形为孔（凹下）。

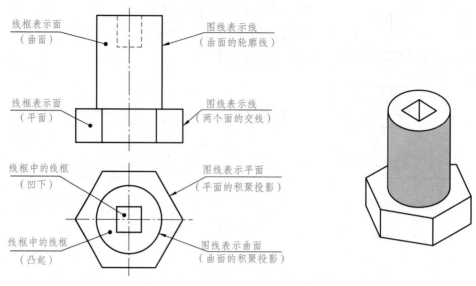

图 5-16　视图中的图线与线框的含义

5.3.2　用形体分析法读图

阅读组合体的视图在注意上述事项的同时，主要是运用形体分析法。现以阅读如图 5-17（a）所示组合体的三视图为例，说明用形体分析法读组合体视图的方法和步骤。

1. 联系视图，把主视图分成几个封闭线框

把主视图的封闭线框分成四个：线框 Ⅰ 为矩形；线框 Ⅱ 为上方带两个半圆弧的矩形；线框 Ⅲ 和 Ⅳ 均为梯形，如图 5-17（a）所示。

2. 对照投影，确定各基本形体的形状

线框 Ⅰ 如图 5-17（b）中红线所示，按投影规律对照主视图、俯视图和左视图的投影后得知，该部分主体为长方体底板，从左视图形状，对照主视图和俯视图中的虚线得知长方形底板为放到的"L"六棱柱。从俯视图中的左右两个圆，对照主视图和俯视图的点画线和虚线可知，底板靠前有两个通孔。

线框 Ⅱ 如图 5-17（c）中红线所示，从主视图入手，对照俯视图和左视图的投影后得知，该部分为四棱柱，顶部有直径不等的两个半圆槽。

线框 Ⅲ 和 Ⅳ 如图 5-17（d）中红线所示，从主视图入手，对照俯视图和左视图的投影后得知，该部分为左右对称的梯形板。

3. 读懂各简单形体之间的相对位置，想像出组合体的整体形状

如图 5-17（e）所示，在读懂了这个组合体是由四部分组成，以及各组成部分的形状后，需要了解它们之间的相对位置。具体是：形体 Ⅱ 在上方，左右居中，后面与形体 Ⅰ 平齐；形体 Ⅲ、Ⅳ 在形体 Ⅰ 之上，形体 Ⅱ 两侧，后面与形体 Ⅰ 和形体 Ⅱ 共面。读懂这四部分彼此之间的相对位置，就可想像出这个组合体的整体形状，如图 5-17 (f) 所示。

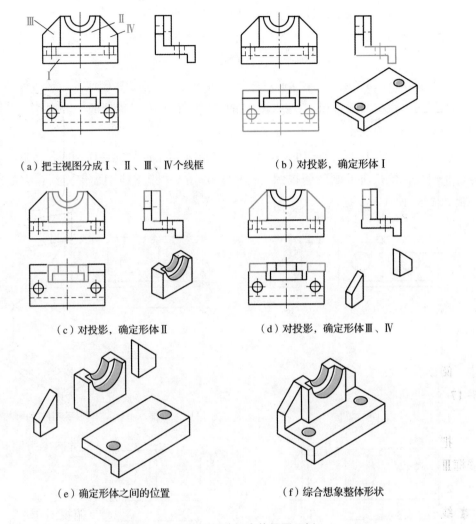

（a）把主视图分成Ⅰ、Ⅱ、Ⅲ、Ⅳ个线框　　　　（b）对投影，确定形体Ⅰ

（c）对投影，确定形体Ⅱ　　　　　　　　　（d）对投影，确定形体Ⅲ、Ⅳ

（e）确定形体之间的位置　　　　　　　　（f）综合想象整体形状

图 5-17　形体分析读组合体视图示例

【例题 5-1】如图 5-18 (a) 所示，已知一个连接配件模型组合体的主视图和左视图，要求补画它的俯视图。

【解】分析：根据上述读图的方法和步骤，将组合体分成几个简单体，并按形状特征明显的视图划分线框；通过对投影，想像出各基本体的形状，并同时补画出它们的平面图；最后，按各简单体的形状及相对位置想像出组合体的整体形状；再从组合体的整体形状出发，校核修正所补画的这个组合体的俯视图，就完成了补画这个组合体的俯视图。

具体的作图步骤如下：

（1）如图 5-18 (b) 所示，在形状特征比较明显的左视图上划分三个线框：Z 字形线框 1、三角形线框 2、两条铅垂粗实线与两条虚线所组成的矩形线框 3。

通过对投影，如图 5-18（b）中的红色图形所示，由 Z 字形线框对照主视图可以看出，它是一个 Z 字形棱柱。按三等规律补画出它的俯视图。

（2）如图 5-18（c）中的红色图线所示，通过三角形线框与主视图对投影可知，它是一个三棱柱，可按三等规律补画出它的俯视图。

（3）如图 5-18（d）所示，通过两条虚线和两段铅垂线所组成的矩形线框与主视图对投影得到两个粗实线圆可知，Z 字形棱柱的竖板上有左右对称的两个圆柱孔，可按三等规律补画出它们的俯视图。

（4）最后，按这些基本体的相对位置，想像出这个连接配件模型的整体形状，并从整体形状出发，校核所补画的俯视图。校核无误后，按规定线型加深图线，完成全图，加深，如图 5-18（d）所示。

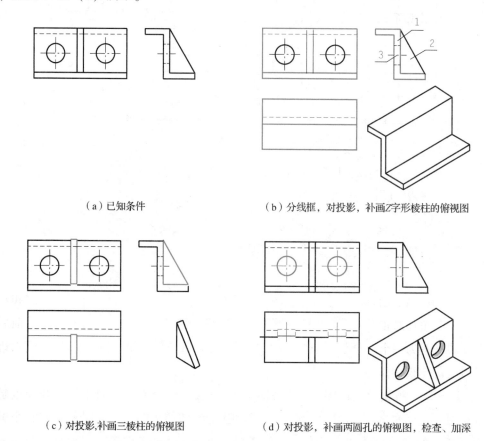

（a）已知条件

（b）分线框，对投影，补画 Z 字形棱柱的俯视图

（c）对投影，补画三棱柱的俯视图

（d）对投影，补画两圆孔的俯视图，检查、加深

图 5-18　补画连接配件模型组合体的俯视图的分析和作图过程

5.3.3　用线面分析法读图

对于建筑工程中一些形状较为复杂的建筑物，当用形体分析的方法读图感到有困难时，常用线面分析法帮助读图。所谓线面分析法，就是分析建筑物上某些表面及其表面交

线的空间形状和位置，从而在形体分析法的基础上，帮助想像建筑物的整体形状。利用线面分析法读图，关键在于正确读懂视图中每条图线和每个线框所代表的含义。

【例题 5-2】用线面分析法辅助阅读图 5-19 所示的切割型组合体的三视图。

【解】分析过程如下：

1）初步进行形体分析。从三视图的外轮廓可以看出：这个组合体的左上角、左前角、左后角都有缺口，被截切。可初步判断该组合体的基本体为长方体，左上角、左前角和左后角分别被一个正垂面和两个铅垂面切割所形成，所以它是一个切割型组合体，这个组合体前后对称。

2）线面分析：

（1）看图框。如图 5-19（a）所示，在俯视图中有三个线框：线框 a、b 以及与 a、b 都重合的外轮廓线所构成的图框 c。

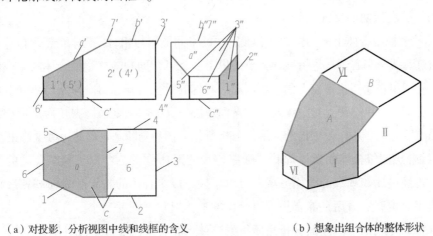

（a）对投影，分析视图中线和线框的含义　　　（b）想象出组合体的整体形状

图 5-19　用线面分析法辅助读组合体的视图

如图 5-19 中的红色图形所示，从线框 a 出发，按三等规律找出它们在主视图和左视图中的投影，按长对正得知，主视图为左上方的一条斜线 a'，按高平齐和宽相等、前后对应得知，左视图为一个与俯视图相类似的六边形线框 a''，说明线框 A 是一个正垂的六边形平面，就是这个组合体左边的顶面。

由线框 b 按三等规律找出主视图中的投影积聚为一条水平线 b'，左视图的投影也是一条水平线 b''，说明 b 是一个水平的矩形 B 的俯视图，反映它的真形，矩形 B 就是这个组合体右边的顶面。

由图框 c 按三等规律找出它在主视图中是主视图的底边，即一条水平线 c'；在左视图也是左视图的底边，即一条水平线 c''。由此得知，它们是一个水平的六边形的 c 的三视图，俯视图（图框 c）反映真形，也就是这个组合体的底面。

（2）看图线。仍如图 5-19（a）所示，平面图中有 7 条图线 1、2、3、4、5、6、7，仍根据三等规律找出它们在主视图与左视图中的对应投影，从而判定它们的形状及其空间位置，配合对线框的观察与分析，从而想像出这个组合体的整体形状。例如：从图5-19（a）的平面图中斜线1，按三等规律找出主视图中的投影为一直角梯形1′，在左视图中也为与1′类似的直角梯形1″，说明它们是一个铅垂的直角梯形平面的Ⅰ三视图。又因前后对称，对后面的斜线5也可作同样的对照和分析，就看出了左前角和左后角的形状是两个对称的铅垂的直角梯形平面Ⅰ和Ⅴ。俯视图中图线2，是一条水平线，按三等规律找出主视图中的投影为五边形图框2′，在左视图中的投影为一条竖直线2″，说明俯视图中的图线2表示正平面五边形Ⅱ的积聚投影，它们是这个组合体前壁的三视图，且因前后对称，故对后壁Ⅳ的观察与分析和前壁Ⅱ相同。俯视图中左、右端的图线6、3，通过按三等规律对投影可以看出，左、右端面分别都是侧平面矩形Ⅳ和Ⅲ。由俯视图中的图线7，按三等规律找出主视面图中的投影为一点，即左顶面与右顶面的有积聚性投影的交点7′，左视图中的投影为一条水平线7″，它们是一条正垂线Ⅶ的三视图，由此可见，正垂线Ⅶ就是正垂的左顶面与水平的右顶面的交线。

（3）从读懂组合体上的一些表面和轮廓线的空间形状与相对位置来校核形体分析的初步判断，通过看线框和看图线进行线面分析的思考，就可帮助判断这个组合体的基本体是一个长方体，先用正垂面切割掉左上角，再用前后对称的铅垂面分别切割掉左前角和左后角，而右端未被切割。可以想出：这个组合体左端面矩形的高度和宽度都比右端面矩形小，但两个矩形都仍前后对称。从而校核出前述形体分析所作的初步判断是正确的，毋须修正。

3）综合想像组合体的整体形状。根据初步的形体分析，可以了解组合体的类型与大致形状。再经过比较细致的线面分析，可以掌握组成组合体的若干个表面和轮廓线的空间形状及其相对位置。最后，综合想像组合体的整体形状。阅读这个组合体的三视图，经初步形体分析和比较细致的线面分析后所得的整体形状，如图5-19（b）所示。

【例题5-3】如图5-20所示，画出架体的左视图。

【解】分析：从图5-20看出，该形体的形状特征明显，而平面的位置特征不明显。若能确定各平面的空间相对位置，则不难想象该形体的空间形状。可以采用线面分析的方法，逐一分析每个表面的形状与位置，构思由该形状形成的柱体，按这些柱体的相对位置构成组合体。

其解题步骤如下：

（1）分析每个封闭线框的空间位置。根据对投影规律"若非类似形，必有积聚性"，图5-20主视图中的线框 a'（上）、b'（中）、与 c'（下）在俯视图中均无类似形，分别积聚成三条宽度相等且相互平行的粗实线。

从主视图 b' 中的圆对应俯视图中的细虚线，由细虚线的起止位置可知，b 积聚成中间的直线，B 面位于组合体的中间。c' 位于 b' 的下方，c 积聚成俯视图中前边的直线，C 面位于组合体的前面。a' 位于 b' 的上方，a 积聚成俯视图中 b 后边的直线，A 面位于组合体的 B 面之后。即 A 面居上靠后，B 面上下前后均居中，C 面居下靠前。

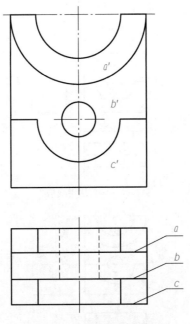

图 5-20　补画架体的左视图

（2）根据封闭线框所表示的平面形状与位置，构思整体形状。根据以上分析，A、B、C 三个平面分别位于组合体后中前三个层面。有俯视图中相互平行的正垂线投影可知，该形体可看作由 A、B、C 三个平面，沿着正垂线方向向后移动形成的柱体，如图 5-21（a）所示，后表面平齐、上下叠加而成，其立体图如图 5-21（b）所示。也可以看作由 A_1、B_1、C_1 三个柱体，前后叠加而成，如图 5-21（c）所示。

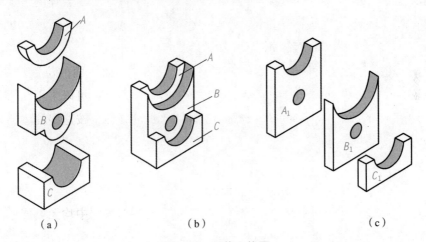

(a)　　　　　　　　　　(b)　　　　　　　　　　(c)

图 5-21　架体立体图

（3）根据想象的立体，画出其投影。作图过程如下：① 画外轮廓，如图 5-22（a）所示。② 画前层半圆槽，如图 5-22（b）所示。③ 画中层半圆槽，如图 5-22（c）所示。④ 画后层半圆槽，如图 5-22（d）所示。⑤ 画中层与后层的通孔，如图 5-22（e）所示。

⑥ 检查加深轮廓，如图 5-22（f）所示。

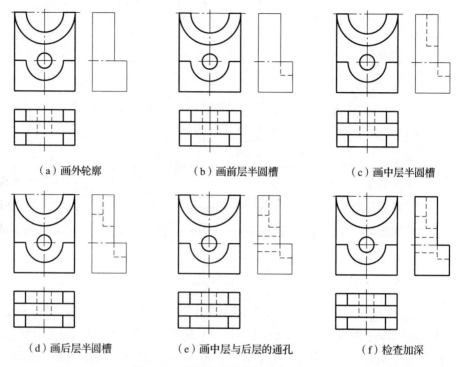

（a）画外轮廓　　　　　　（b）画前层半圆槽　　　　　　（c）画中层半圆槽

（d）画后层半圆槽　　　　（e）画中层与后层的通孔　　　　（f）检查加深

图 5-22　补画架体左视图的作图过程

第 6 章 形体表达方法

本章导读 〉

　　前面主要讲述了用三视图表达各种形体，土木工程中的一些复杂的建筑物或构筑物，仅使用三面正投影图往往不足以表达其外形结构和内部构造。这时，根据表达需要还需增加多面正投影视图的数量，并且采用剖面图、断面图、展开图及其他辅助投影图来表达。

技能目标 〉

- 掌握基本视图、辅助视图的表达方法。
- 掌握剖面图和断面图的概念、画法、标注等相关知识。
- 对常见形体能够正确选择表达方案。

思政目标 〉

　　通过本章学习，尤其是剖面图的教学中，培养同学们不仅要注意外表，更要强化内在修养，做任何事情都应该表里如一。

6.1　视　图

6.1.1　基本视图

　　为了表达比较复杂的形体，制图标准规定，以正六面体的六个面作为基本投影面，将形体置于六面体中，分别向各投影面进行投射，得到六个基本视图，如图 6-1（a）所示。

　　形体由前向后投射所得到的图形，称为正立面图（原主视图）。

　　形体由上向下投射所得到的图形，称为平面图（原俯视图）。

　　形体由左向右投射所得到的图形，称为左侧立面图（原左视图）。

　　形体由右向左投射所得到的图形，称为右侧立面图。

形体由下向上投射所得到的图形，称为底面图。

形体由后向前投射所得到的图形，称为背立面图。

六个投影面展开时，规定正立投影面不动，其余各投影面按图 6-1（b）所示的方向，展开到与正立投影面在同一平面上，相应视图随投影面一起展开。

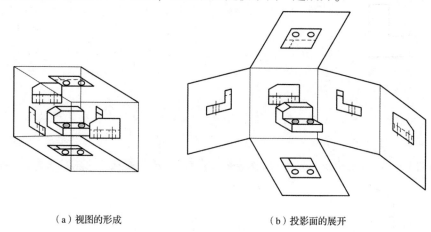

（a）视图的形成　　　　　　　　　　　　（b）投影面的展开

图 6-1　基本视图

六个基本视图的配置关系按图 6-2（a）所示时，可不标注投影图的名称。若不按投影关系配置，应在投影图下方标注图名。图名应标注图样下方，并在图名下方绘制一条略长于文字长度的粗实线。无论何时正立面图、平面图和左侧立面图位置关系保持相对不变，如图 6-2（b）所示。

工程建筑物不一定都要全部用前面所讲述的三视图或基本视图表示，而应在完整、清晰表达的前提下，视图越少越好。由《技术制图投影法》（GB/T 14692—2008）可知：当视图中出现虚线时，只要在其他视图中已经表达清楚这一部分不可见的构造，虚线可以省略不画；如依靠其他视图不足以清楚表达这一部分不可见的构造，则虚线不可省略。

6.1.2　镜像视图

按 GB/T 50001—2019 规定，当视图用第一角画法绘制不易表达时，可用如图 6-3（a）所示的镜像投影法绘制。图 6-3（b）是用镜像投影法画出的平面图，当采用镜像投影法时，应在图名后加注"镜像"二字。

6.1.3　旋转视图

建（构）筑物的某些部分，如与投影面不平行，画立面图时，可将该部分展开到与投影面平行，再以正投影法绘制，并应在图名后加注"展开"字样。如图 6-4 所示的房屋模型的立面图，就是将两侧不平行于正立投影面的墙面展至平行于正立投影面后，用正投影法画出的立面图。

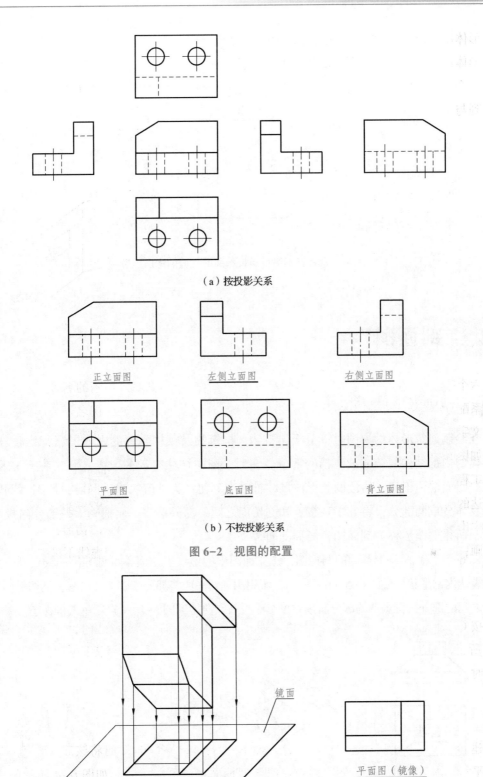

（a）按投影关系

正立面图　　　　左侧立面图　　　　右侧立面图

平面图　　　　底面图　　　　背立面图

（b）不按投影关系

图 6-2　视图的配置

镜面

平面图（镜像）

（a）镜像投影的形成　　　　（b）镜像视图

图 6-3　镜像投影法

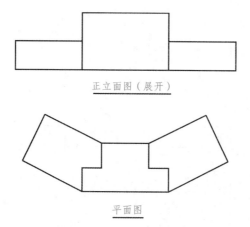

正立面图（展开）

平面图

图 6-4 具有不平行于投影面的立面的房屋模型

6.2 剖面图

6.2.1 剖面图的概念

在绘制建筑形体的视图时，由于建筑物、构筑物及其构配件的内外形状都比较复杂，当形体的内部结构复杂或被遮挡的部分较多时，图中往往有较多虚线，形成在图中因虚、实线交错而混淆不清，给读图和标注尺寸都带来不便。为了解决这一问题，假想用剖切面剖开物体分成两部分，将处于观察者和剖切面之间的部分移去，而把剩下的部分向投影面投射，所得的图形称为剖面图，简称剖面。

图 6-5（a）是杯形基础的两视图，正立面图中的虚线表达清不可见的倒四棱台孔，为了清楚表达内部形状，如图 6-5（b）所示，假想用剖切平面将杯形基础切开，移去剖切平面和观察者之间的部分，将剩下的部分向正立投影面投射，便得到图 6-5（c）所示的剖面图。

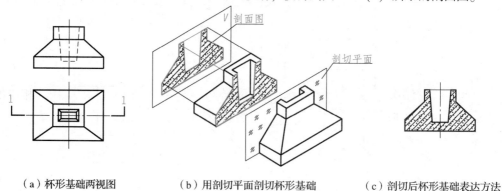

（a）杯形基础两视图　　　（b）用剖切平面剖切杯形基础　　　（c）剖切后杯形基础表达方法

图 6-5 剖面图的形成和画法

6.2.2　剖面图的画法

1. 剖切位置

剖面图的剖切平面位置应根据需要确定，在一般情况下应平行于某一投影面，使截面的投影反映实形。剖切平面要通过物体的孔、槽等不可见部分的中心线，使其内部形状得以表达清楚。如果物体有对称平面，一般将剖切面选择在对称面处，如图 6-6 所示。

2. 剖面图的标注

画剖面图时需要进行剖视的标注，包括画出剖切符号、注写编号和书写剖面图的名称。剖面图的剖切符号是指剖切平面起、止和转折位置及投射方向的符号，剖切符号由剖切位置和投射方向线组成，剖切位置线表明剖切面的起、止和转折位置，用粗短线表示，长度宜为 6~10 mm，投射方向线指明剖切后投射的方向，在建筑工程图中用粗短线表示，长度宜为 4~6 mm，如图 6-6 所示。绘制时，剖面图的剖切符号不宜与图形中的其他图线相接触。

剖视图剖切符号的编号采用阿拉伯数字或大写拉丁字母，并注写在投射方向线的端部，如图 6-6 所示。

剖视图的名称，用相应的编号（编号下面画一粗实线）注写在相应的剖面图的下方，如图 6-6 的 1-1、2-2 所示。

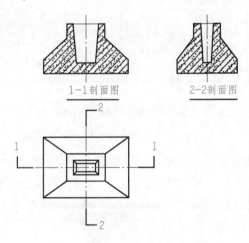

图 6-6　剖面图的画法与标注

3. 材料图例

为了使剖面图层次分明，被剖切到的实体部分（称为剖面区域）应画出该物体相应的材料图例，如图 6-6 所示。常用的建筑材料图例见表 6-1。

表 6-1　常用建筑材料图例

材料名称	图例	说明	材料名称	图例	说明
自然土壤		包括各种自然土壤	夯实土壤		

续表

材料名称	图例	说明	材料名称	图例	说明
沙、灰土			砂砾石、碎砖三合土		
石材			毛石		
普通砖		包括实心砖、多孔砖、砌块等砌体。断面较窄不易绘出图例线时，可涂红，并在图纸备注中加注说明，画出该材料图例	多空材料		包括水泥珍珠岩、沥青珍珠岩、泡沫混凝土、软木、蛭石制品等
混凝土		1. 本图例指能承重的混凝土和钢筋混凝土。 2. 包括各种强度等级、骨料、添加剂的混凝土。 3. 在剖面图上画出钢筋时，不画图例线。 4. 断面图形小，不易画出图例线时，可涂黑	木材		1. 上图为横断面，左上图为垫木、木砖或木龙骨。 2. 下图为纵断面
钢筋混凝土			金属		1. 包括各种金属。 2. 图形小时，可涂黑

当不需要表明材料时，通常可按习惯画间隔均匀的45°细实线。两个相同的图例相接时，图例线宜错开或使倾斜方向相反，如图6-7所示。当断面范围较小时，材料图例可涂黑表示，两个相邻的涂黑图例间应留有空隙，其净宽度不得小于0.5 mm，如图6-8所示。需画出的建筑材料图例面积过大时，可在断面轮廓线内，沿轮廓线作局部表示，如6-9所示。

图6-7 相同图例相接时的画法　　图6-8 相邻涂黑图例的画法　　图6-9 局部表示图例

4. 同一形体各视图画法

按GB/T 50001—2019规定，剖面图的断面轮廓线用粗实线绘制，剖面图中未剖到的可见部分用中实线绘制。

在剖面图中，表示不可见投影的虚线，当配合其他图形已能表达清楚时，应该省略不画。如配合其他图形，省略后不能表达清楚，或会引起误解，则不可省略。

由于剖切是假想进行的，实际上物体并没有被剖开，所以当把一个投影画成剖视图后，其他投影仍应按物体的完整形状画出，如图 6-6 中的平面图。此外，在作 1-1 剖视时，是假想把物体的前半部分剖去后画出的，在作 2-2 剖视时，是假想把物体的左半部分剖去后画出的。这就是说，作同一物体不同的剖视时，剖切方法互不影响。

6.2.3 常用的剖切方法

1. 用单一剖切面剖切

用单一剖切面剖切的剖面图通常有下列三种形式：将物体全部剖开后画出的剖面图；对称形体一半画视图、一半画剖面图；只在物体需要表达的内部结构处局部剖开，画出剖开后的剖面，其他部位仍画视图，并以波浪线分界的剖面图。这三种形式的剖面图，习惯上分别称为全剖面图、半剖面图和局部剖面图。

1) 全剖面图。全剖面图常用于外部形状较简单，需要表达内部结构的不对称物体。如果外形简单，只需表达内形的对称物体，也可用全剖面图表达。

如图 6-10 所示的洗手池，采用通过洗手池排水孔的中心位置，且分别与正立投影面和侧立投影面平行的两个单一剖切平面对它进行剖切，从而得到 1-1 和 2-2 两个全剖面图。

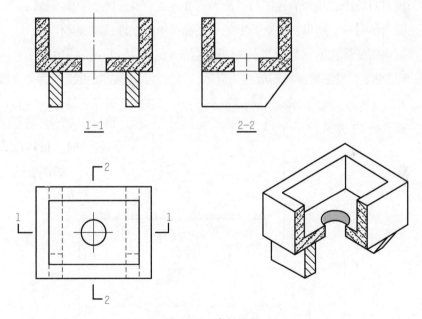

图 6-10 全剖面图

2) 半剖面图。当物体外形和内部结构都需要表达，且具有对称平面时，在垂直于物体对称平面的投影面上投射所得到的图形，以对称中心线（细点画线）为界，一半画成剖面图以表达内部结构，另一半画成视图以表达外形，这种图形称为半剖面图，如图 6-11 所示。

半剖面图适用于内外结构都需要表达且具有对称平面的形体。如图 6-11 所示，该形体前后左右都对称，外形部分为在底板与上部长方体之间有前后左右共 8 个三棱柱肋板，内部为上面开口的倒四棱台空腔，适合于通过前后对称面和左右对称面进行半剖。

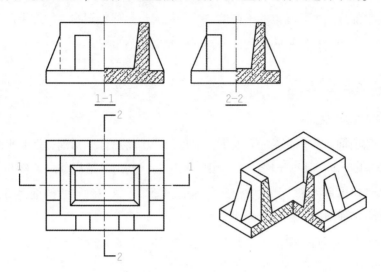

图 6-11　半剖面图

画半剖面图时应注意：

（1）只能以对称中心线作为视图与剖面图的分界线，其他图线一概不行。

（2）由于形体对称，所以在表达外形的半个视图中的细虚线应省略不画。

（3）半剖面图的标注形式与全剖面图相同，如图 6-11 所示。

3）局部剖面图。用剖切面局部地剖开形体，以波浪线（或双折线）为分界线，一部分画成视图以表达外形，其余部分画成剖面图以表达内部结构，这样所得到的面视图，称为局部剖面图，如图 6-12 所示。

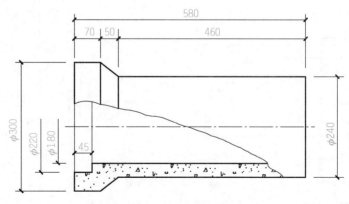

图 6-12　局部剖面图

局部剖面图常用于外部形状比较复杂，仅仅需要表达局部内部的形体。图 6-12 是一个混凝土瓦筒被局部剖开后的剖面图。由于瓦筒为回转体，所以只需要画出这个瓦筒的正立面图，然后在承插口处剖开一小部分，剖开处画剖面图，未剖到的画外形图，两者用波浪线分界，这样就能同时表达瓦筒的内外形状，如标注了内外直径的尺寸，就能完整清晰地表达这个瓦筒的内外结构形状。因为局部剖面图的剖切位置比较明显，所以一般都省略剖切符号和剖面图的图名。

剖面图除了用上述的三种方法表达外，对一些具有不同构造层次的工程建筑物，可根据实际需要，用按层次以波浪线将各层隔开的分层剖切的方法剖切，从而获得分层剖切的剖面图。

图 6-13 是用分层剖切的剖面图表示墙面构造的例图，图中用两条波浪线为界，分别将三层构造同时表达清楚。分层剖切的剖面图不需要标注剖切符号，波浪线不应与任何图线重合。

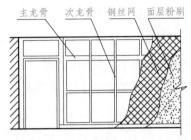

图 6-13 分层剖切剖面图

2. 用两个或两个以上平行的剖切面剖切（阶梯剖面图）

用两个或多个平行的剖切平面剖开形体，这种剖面图适用于一个剖切平面不能同时剖切到所要表达形体的几处内部结构形状，习惯上称为阶梯剖面图。

如图 6-14 所示，为了清晰地表达图中组合体的内部形状，假想用两个相互平行的剖切平面，通过槽与孔的轴线剖切这个组合体，移去两个剖切平面之前的部分，将后面剩余的部分向正立投影面投射，所得的 1-1 剖面图，即为阶梯剖面图。这样，由 1-1 剖面图和平面图就能完整、清晰地表达出这个组合体。

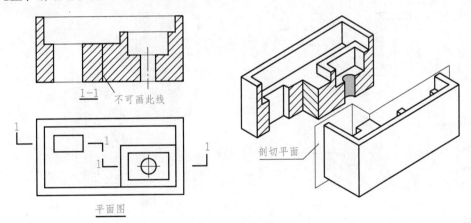

图 6-14 阶梯剖面图

画阶梯剖面图时，在剖切平面起、止和转折处应标注剖切符号、投射线及剖视图名称。

画阶梯剖面图时应该注意：

（1）由于剖切是假想的，所以在剖面图中，不应画出剖切平面转折处的分界面的投影，如图 6-14 所示。

（2）在标注阶梯剖面图的剖切符号时，应在两剖切平面转角的外侧加注与剖切符号相同的编号。

（3）剖切面的转折处不应与图中的轮廓线重合。

3. 用两个相交的剖切面剖切（旋转剖面图）

用几个相交的剖切面（交线垂直于某一投影面）剖开形体。当形体在整体结构上有明显的旋转轴线，而需表达的结构又必须用几个剖切面剖切，剖切面的交线能通过这轴线时，常用此类剖切面剖切。

这种剖面图常用于建筑形体有一部分结构倾斜于某一投影面，而另一部分结构又平行于该投影面的场合。为了同时表达出这两部分结构的形状，采用两相交的剖切面剖切，一个剖切面平行于该投影面，另一个剖切面与该投影面倾斜，剖开形体后，将平行于投影面的部分直接向该投影面投射，而将倾斜于该投影面的部分绕剖切面的交线旋转到平行于该投影面的位置后，再向该投影面投射，从而得到剖面图，习惯上称为旋转剖面图。

图6-15（a）是用两个剖面图表达的一个检查井。平面图中2-2是前述阶梯剖面图，正立面图是用相交于铅垂轴线的正平面和铅垂面剖切后，将铅垂剖切面剖到的构造，绕铅垂轴旋转到正平面位置，并与右侧用正平剖切面剖到的构造，一起向正立投影面投射而得到的，1-1剖面图，就是旋转剖面图。剖切情况如图6-15（b）所示的轴测图所示。并在图名"1-1"后，应加注"展开"字样。

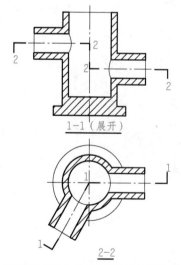
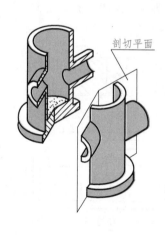

（a）用旋转剖面图和阶梯剖面图表达的检查井　　（b）用两个相交的剖切面剖切检查井轴测示意图

图6-15　旋转剖面图

画旋转剖面图时也应注意：

（1）不可画出相交剖切面所剖到的两个断面转折处的分界线。

（2）在标注时，为了清晰明显起见，应在两剖切位置线的相交处加注与剖视剖切符号相同的编号，如图6-15（a）所示。

（3）在剖切平面后的其他结构形状一般按原来位置投射画出。

6.3 断面图

6.3.1 断面图的概念

假想用平行于某一投影面的剖切平面将形体某处切断，仅将剖切面切到的断面图形向与之平行的投影面投射，所得到的图形称为断面图，简称断面。

剖面图与断面图二者的意义不同，剖面图是物体被剖切后余下部分的投影，是"体"的投影，也就是剖切平面后面的结构要画出，并且用中实线画出。而断面图是截断面的投影，是"面"的投影，仅画剖切平面接触的端面图形，剖面图中包含了断面图。

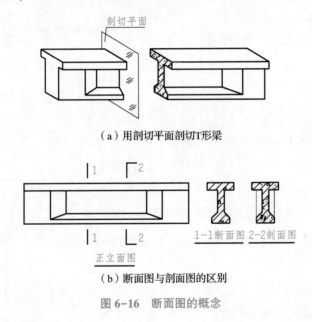

（a）用剖切平面剖切T形梁

正立面图

（b）断面图与剖面图的区别

图 6-16   断面图的概念

6.3.2 断面图的分类、画法与标注

根据断面图画在视图中的内外，分为移出断面和重合断面两种。

1. 移出断面图

1）移出断面的画法。移出断面画在视图之外，轮廓线用粗实线绘制。

2）移出断面图在图样中的配置：

（1）画在剖切平面延长线上，如图 6-17（a）1-1、3-3 所示。

（2）画在任意位置上，如图 6-17（a）2-2 所示。

（2）画在基本视图位置上，如图 6-17（b）所示。

（3）画在视图的中间断开处，如图 6-17（c）所示。

3）移出断面图的标注。移出断面图的标注省略投射方向线，编号数字的位置即为视图投射方向。

（1）断面图在基本视图位置上可省略标注，如图 6-17（b）所示。

（2）画在视图中间断开处的断面图可省略标注，如图 6-17（c）所示。

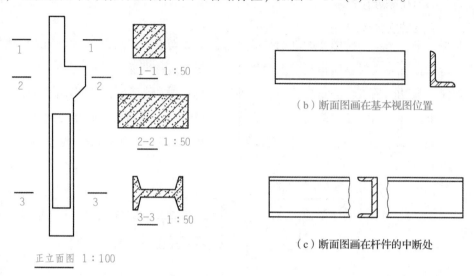

（a）断面图画在剖切平面延长线和任意位置处

（b）断面图画在基本视图位置

（c）断面图画在杆件的中断处

图 6-17　断面图的配置

2. 重合断面图

1）重合断面的画法。重合断面画在视图之内，轮廓线用细实线绘制，如图 6-18 所示。当视图轮廓线与断面图轮廓线重叠时，视图轮廓线应完整画出，不可间断，如图 6-18（b）所示。

2）重合断面图的标注：

（1）断面图图形对称无需标注，如图 6-18（a）所示。

（2）断面图图形不对称需要标注，如图 6-18（b）所示。

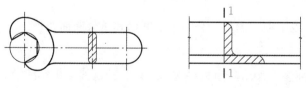

（a）重合断面图图形对称　　　　　　（b）重合断面图图形不对称

图 6-18　重合断面图

6.3.3　断面图示例

图 6-19（b）为棚顶剖切示例，为了表达棚顶的断面形状，将断面图画在视图中，如图 6-19（a）所示。因轮廓间距很小，故剖面材料代号涂黑。

图 6-20（a）是采用正立面图和断面图来表达钢筋混凝土梁与柱结构节点的例图，三个断面图都画在靠近构件断裂处。为了使读者易于理解这个图样，在图 6-20（b）中，画出了这个节点的立体图。

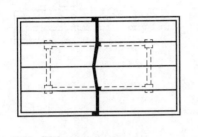 

（a）断面图画在布置图上　　　　　　（b）棚顶剖切立体图

图 6-19　棚顶断面图示例

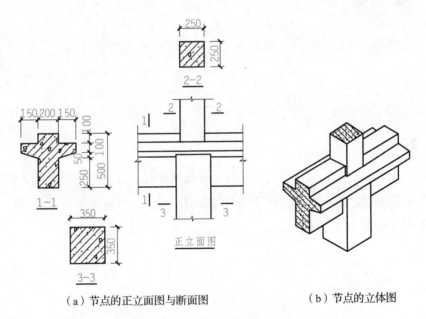

（a）节点的正立面图与断面图　　　　　　（b）节点的立体图

图 6-20　梁与柱的结构节点图示例

图 6-21 为一钢屋架在节点处的一个例图，为了表达各杆件的断面形状，在各杆件的中断处画了断面图。

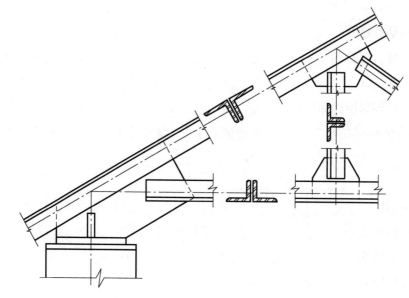

图 6-21　在杆件中断处画出断面图的钢屋架节点示例

6.4 简化画法

应用简化画法，可适当提高工作效率。GB/T 50001—2019 规定了一些简化画法，简要介绍如下。

6.4.1 对称形体的简化画法

1. 用对称符号

如果构配件是对称的，且当视图中仅有一条对称线时，可只画该视图的一半，并画出对称符号，如图 6-22（a）所示；当视图有两条对称线时，可只画该视图的四分之一，并画出对称符号，如图 6-22（b）所示。

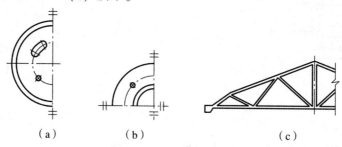

（a）　　　　　　（b）　　　　　　　　（c）

图 6-22　对称形体的简化画法

2. 不用对称符号

当构配件是对称结构时，其投影也可稍超出对称线，即略大于对称图形的一半，此时可不画对称符号，而是在超出对称线部分画上折断线，如图 6-22（c）所示。

GB/T 50001—2019 规定的对称符号如图 6-22 所示，对称符号由对称线和两端的两对平行线组成。对称线用点画线绘制，平行线用细实线绘制，其长度宜为 6~10 mm，每对的间距宜为 2~3 mm；对称线垂直平分两对平行线，两端超出平行线宜为 2~3 mm。

6.4.2　相同要素简化画法

构配件内多个完全相同而连续排列的构造要素，可仅在两端或适当位置画出其完整形状，其余部分以中心线或中心线的交点表示，如图 6-23（a）（b）（c）所示。如相同构造要素少于中心线交点，则其余部分应在相同构造要素位置的中心线交点处用小圆点表示，如图 6-23（d）所示。

6.4.3　构件折断或局部不同的简化画法

较长的构件，当沿长度方向的形状相同，或按一定规律变化，可采用折断省略的方法绘制，断开处应以折断线表示，如图 6-24（a）所示。应注意：在用折断省略画法所画出的较长构件的图形上标注尺寸时，尺寸数值应标注该构件全部长度。

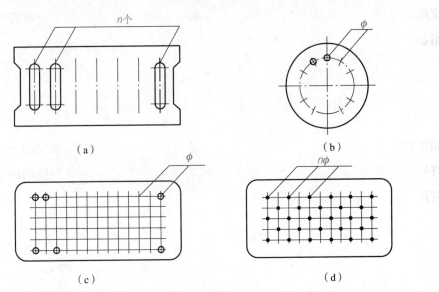

图 6-23　相同要素简化画法示例

当两个构件仅部分不相同，则可在完整地画出一个后，另一个只画不同部分，但应在两个构件的相同部分与不同部分的分界线处，分别绘制连接符号，如图 6-24（b）所示。连接符号应以折断线表示需连接的部位。两部位相距过远时，折断线两端靠图样一侧应标注大写拉丁字母表示连接编号，两个被连接的图样必须用相同的字母编号，如图中的字母 A。

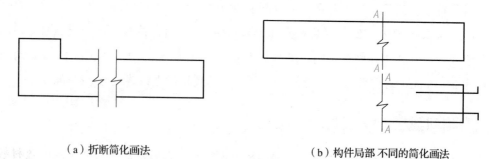

（a）折断简化画法　　　　　　　　　（b）构件局部不同的简化画法

图 6-24　折断或构件局部不同的简化画法示例

第 7 章 建筑施工图

本章导读

　　建筑施工图用来表达建筑物的规划位置、外部形状、内部布置以及内外装饰材料等内容。本章主要介绍房屋建筑施工图的相关规定，以及建筑总平面图、建筑平面图、建筑立面图、建筑剖面图和建筑详图等内容。

技能目标

- 了解房屋的分类、组成，熟悉建筑施工图的相关规定。
- 了解建筑总平面图的图示内容、图示方法及识读方法。
- 掌握建筑平面图、建筑立面图和建筑剖面图的图例符号、图示内容及画图与识读方法。能够对照这三种图样读懂房屋建筑物的结构形状及构造。
- 能看懂外墙身详图和楼梯详图。

思政目标

　　通过本章学习可知，建筑任何高楼大厦都必须先从打地基开始，然后一层一层最后完成整个工程。培养同学们学习也是如此，只有夯实基础，并扎实学习好每一节课、每一章节，才能取得本门课程的优异成绩。

7.1　概　述

　　建筑是建筑物和构筑物的总称。建筑物是供人们在其中进行生活、生产等活动的房屋或场所。构筑物是人们不在其中进行生活、生产等活动的建筑。

　　将一幢拟建建筑物的内外形状和大小、布置以及各部分的结构、构造、装修、设备等内容，按照国家标准的规定正投影方法，详细准确地画出来的图样，称为房屋建筑图，它的用途主要是指导施工，是施工依据，所以又称为建筑施工图。

为了能看懂和绘出房屋的建筑施工图，首先需学习了解房屋各部分的组成及其作用。

7.1.1 房屋的各组成部分及其作用

图 7-1 所示为某住宅楼的剖切轴测图，各种功能不同的房屋建筑，一般主要都是由以下几部分组成。

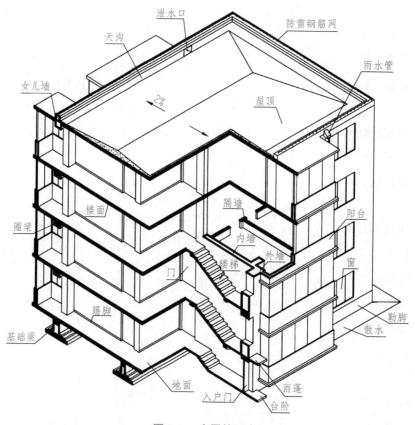

图 7-1 房屋的组成

1. 基础

基础是建筑物与土层直接接触的部分，它承受建筑物的上部荷载，并把这些荷载传给地基。

2. 墙或柱

墙体和柱子是房屋的竖向承重构件，它们承受楼板、屋面板、梁或者屋架传来的荷载并把这些荷载传给基础。墙体作为围护构件有外墙和内墙，分别起着抵御自然界各种因素对室内的侵袭和分隔房间的作用。凡位于房屋四周的墙体称为外墙，其中位于房屋两端的外墙称为山墙；凡位于房屋内部的墙体称为内墙，内墙主要起分隔房间和承重的作用。另外，沿建筑物短轴方向布置的墙体称为横墙，沿建筑物长轴方向布置的墙体称为纵墙。

3. 楼面和地面

楼面与地面是分隔建筑空间的水平承重构件。楼面是二层及其以上各层的水平分隔，承受家具、设备和人的重量并把这些荷载传给墙体或柱子。楼面要有足够的抗弯强度和刚度，并有良好的隔声、防水、防潮能力。地面是指第一层使用的水平部分，承受底层房间内的荷载。地面要有一定的承载能力和防潮、防水、保温性能。

4. 楼梯和台阶

楼梯是楼房的垂直交通设施，供人们上下楼层和紧急疏散之用。楼梯应有足够的强度、刚度和适当的宽度、坡度，还要满足防火、防滑等要求。台阶是室内外高差的构造处理方式，同时也供室内外交通之用。

5. 门窗

门主要作交通联系和联系房间之用，窗主要作采光、通风之用，兼有眺望的用途。门和窗作为房屋围护构件，能起到隔声作用，还能阻止风、霜、雨、雪等侵蚀。门窗是建筑外观的一部分，它们还对建筑立面效果和室内装饰产生较大的影响。

6. 屋顶

屋顶是房屋顶部的围护和承重构件。由结构层、防水层和其他构造层（如根据气候特点所设置的保温隔热层、为了避免防水层受自然气候的直接影响和使用时的磨损所设置的保护层，为了防止室内水蒸气渗入保温层而加设的隔汽层等）组成。

另外，建筑物一般还有散水（明沟）、台阶、雨篷、阳台、女儿墙、天沟、雨水管、消防梯、水箱间、电梯间等其他构配件和设施。

7.1.2　房屋施工图的分类

房屋施工图是建造房屋的技术依据。为了方便工程技术人员设计和施工应用，按图纸的专业内容、作用不同，将完整的一套施工图进行如下分类。

1. 建筑施工图（简称建施）

它主要表示房屋的总体布局、外部装修、内部布置、细部构造以及对施工的要求的图样，是施工放线、砌墙、安装门窗以及编制预算的技术依据，包括首页图（图纸总说明、图纸目录）、总平面图、平面图、立面图、剖面图和构造详图等。

2. 结构施工图（简称结施）

它主要表示房屋承重构件（如梁、板、柱等）的平面布置、形状、大小、材料、构造类型及其相互关系的图样，是挖基槽、绑扎钢筋、安装梁板柱以及编制预算的技术依据，包括结构设计说明、基础图、结构平面布置图和结构构件详图等。

3. 设备施工图（简称设施）

设备施工图包括给水排水、采暖通风、电气专业的平面布置图、系统图和详图，分别简称水施、暖施和电施。

7.1.3 建筑施工图的一般规定

1. 定位轴线及编号

建筑施工图中的定位轴线是建造房屋时砌筑墙身、浇筑梁柱、安装构配件等施工定位的重要依据。凡是墙、柱、梁或屋架等主要承重构件，都应画出定位轴线，并编注轴线号来确定其位置。轴线一般用细点画线绘制，端部加绘直径为 8~10 mm 的细实线圆，如图 7-2（a）所示。对于非承重的分隔墙、次要的承重构件等，可编绘附加轴线，有时也可以不编绘附加轴线，而直接注明其与附近的定位轴线之间的尺寸。

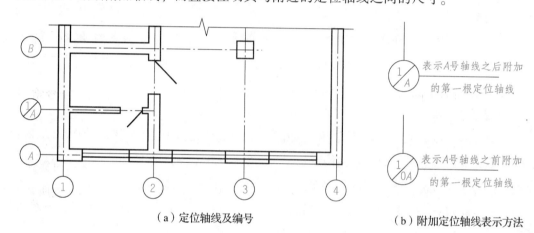

（a）定位轴线及编号　　　　　　　　（b）附加定位轴线表示方法

图 7-2　定位轴线

轴线的编号应遵守如下规定：在平面图中定位轴线的编号宜标注在图样的下方与左侧。横向编号应用阿拉伯数字，从左至右顺序编写；竖向编号应用大写拉丁字母（I、O、Z 除外），从下至上顺序编写。字母数量不够时，可增用双字母或单字母加数字注脚。对于次要构件可用附加定位轴线表示，如图 7-2（b）所示。

2. 标高

标高是标注建筑物高度的一种尺寸形式。标高的尺寸单位为 m，标注到小数点后 3 位（总平面图中标注到小数点后两位）。标高符号用细实线按图 7-3（a）进行绘制，形状为直角等腰三角形。总平面图上的室外地坪标高符号宜用涂黑的三角形表示，如图 7-3（b）所示。建筑平面图中一层地面标高的标注方法，零点标高记为"±0.000"，比零点低的加"-"，高的"+"号省略，如图 7-3（c）所示。立面图、剖面图等标注标高时，标高符号的尖端应指向被注高度的位置，尖端宜向下，也可向上，如图 7-3（d）所示。在图样的同一位置表示几个不同标高时，标高数字可按图 7-3（e）的形式注写。

标高尺寸有绝对标高与相对标高之分。绝对标高是以我国青岛附近的黄海平均海平

100

面为零点测出的高度尺寸；相对标高是以建筑物首层室内主要地面为零点确定的高度尺寸。

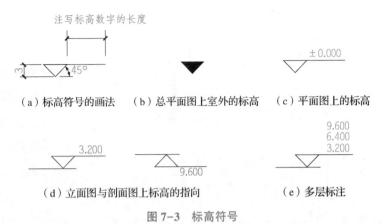

图 7-3　标高符号

3. 索引符号和详图符号

1）索引符号。图样中某一局部需要用较大比例绘制的详图时，应以索引符号索引。索引符号由直径为 8~10 mm 的圆和水平直径组成，均以细实线绘制，如图 7-4（a）所示。横线上部数字为详图的编号，下部数字为详图所在图纸的编号，如下部画一横线表示详图绘在本张图纸上。如详图采用标准图，应在水平直径的延长线上注明标准图集的编号。若索引符号用于索引剖视详图，则应在被剖切的部位绘制剖切位置线，引出线所在的一侧为剖视方向，如图 7-4（b）所示。

图 7-4　索引符号

2）详图符号。详图符号用来表示详图的编号和位置。详图符号用直径为 14 mm 的粗实线圆表示。在圆内标注与索引符号相对应的详图编号。若详图从本页索引，则可只注明详图的编号，如图 7-5（a）所示。若从其他图纸上引来，则尚需在圆内画一水平直径线，上部注明详图编号，下部注明被索引的图纸的编号，如图 7-5（b）所示。

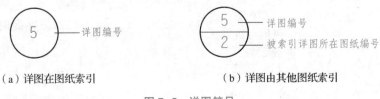

图 7-5　详图符号

4. 指北针

指北针用来确定建筑物的朝向，宜用直径为 24 mm 的细实线圆加一涂黑指针表示，指针尖为北向，加注"北"或"N"字，尾部宽宜为 3 mm，如图 7-6 所示。

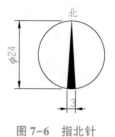

图 7-6　指北针

7.2 总平面图

7.2.1 总平面图的形成及作用

建筑总平面图是关于拟建房屋在基地范围内的地形、地貌、道路、建筑物、构筑物等的水平投影图。因此，它表明了拟建房屋所在基地一定范围内的总体布置，它还反映了拟建房屋、构筑物等的平面形状、位置和朝向、室外场地、道路、绿化等的布置，地形、地貌、标高以及与原有环境的关系和周围情况等，建筑总平面图也是拟建房屋定位、施工放线、土方施工以及绘制水、暖、电等管线总平面图和施工总平面图的依据。

7.2.2 常用图例

总平面图中常用一些图例表示建筑物及绿化等，见表 7-1。

表 7-1　总平面图常用图例

名称	图例	备注	名称	图例	备注
新建建筑物		（1）用粗实线表示； （2）用▲表示出入口； （3）在图形内右上角用点数或数字表示层数	新建道路		"$R9$"表示道路转弯半径，"150.00"为道路中心控制点标高，"0.6"表示 0.6% 的纵向坡度，"101.0"表示变坡点距离

续表

名称	图例	备注	名称	图例	备注
原有建筑物	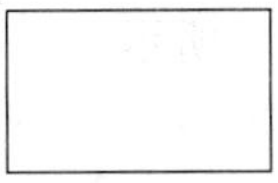	用细实线表示	原有道路		
计划扩建的建筑物或预留地		用中虚线表示	计划扩建道路		
拆除的建筑物	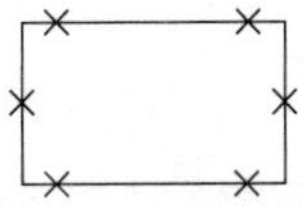	用细实线表示	护坡	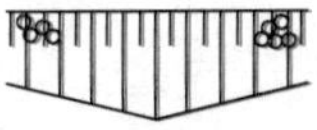	边坡较长时，可在一端或两端局部表示
坐标	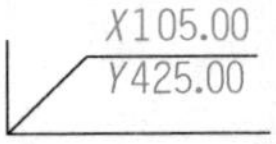 *X*105.00 *Y*425.00	表示测量坐标	围墙及大门	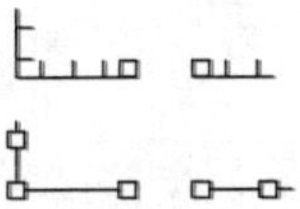	上图为实体性质的围墙； 下图为通透性质的围墙
	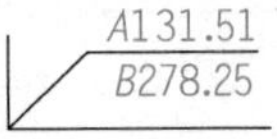 *A*131.51 *B*278.25	表示建筑坐标	树林		左图表示针叶类树木； 右图表示阔叶类树林

7.2.3　总平面图的图示内容

1. 图名、比例

图名应标注在总平面图的正下方，在图名下方加画一条粗实线，比例标注在图名右侧，其字高比图名字高小一号或二号，如图 7-7 所示。因总平面图覆盖范围较大，所以一般采用 1∶2 000，1∶1 000，1∶500 等小比例绘制。本例绘图比例为 1∶500。

2. 新建筑物周围总体布局

以表 7-1 中规定的图例来表明新建、原有、拟建的建筑物，附近的地物环境、交通和绿化布置。地形复杂时需要画出等高线，如图 7-7 所示。

3. 新建建筑物的朝向、位置和标高

1）朝向。在总平面图中，首先应确定建筑物的朝向。朝向可用指北针或风向频率玫瑰图（见图 7-7）表示。风向频率玫瑰图（简称风玫瑰）是根据当地多年平均统计各个方向的风吹次数的百分数值按一定比例绘在十六罗盘方位线上连接而成，风向从外部吹向中心。粗实线为全年风向频率，虚线为夏季（6、7、8 月）风向频率。

2）定位。房屋的位置可用定位尺寸或坐标确定。定位尺寸应注出与原有建筑物或道路中心线的联系尺寸，如图 7-7 所示。总平面图中应以 m 为单位，标出新建建筑物的总长、总宽尺寸。

3）标高。在总平面图中，需注明新建建筑物室内地面±0.00处和室外地面的的绝对标高，如图7-7所示。

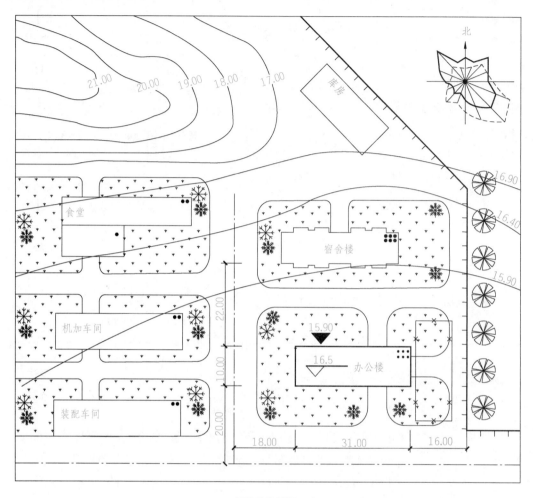

××厂区总平面图 1:500

图7-7 ××厂区总平面图

4. 补充图例或说明

必要时可在图中画出一些补充图例或文字说明以表达图样中的内容。

7.2.4 总平面图的识读

从图7-7中可以看到，厂区内新建一栋六层的办公楼，朝向坐北朝南，长31.00 m，宽10.00 m，新建筑物是根据原有道路和建筑物来定位，图中尺寸"20.00"是新建筑物与东西方向道路中心线间的距离尺寸；"18.00"为新建筑物与南北方向道路中心线间的距离尺寸；"22.00"是新建筑物与原有六层建筑（宿舍楼）间的距离，"16.00"是新建筑物到围墙的距离。室内 ±0.00 处地面相当于绝对标高的 16.50 m，室外绝对标高为 15.90 m，可知室内外高差 0.6 m。东侧有一需拆除建筑物，东侧设有围墙，围墙外侧为绿化带。新建筑物北面有一栋六层的宿舍楼；西面是两栋二层的厂房，分别为机加车间和装配车间。建筑物周围种植针叶类、阔叶类树木，有较好的绿化环境。

7.3　建筑平面图

7.3.1　建筑平面图的形成、作用及分类

1. 建筑平面图的形成

建筑平面图是用一个假想的水平剖切平面，在稍高于窗台的位置剖开整幢房屋，移去剖切平面上方的部分，将剩余部分向水平投影面作正投影所得的水平剖面图，即为建筑平面图，简称平面图，如图 7-8、图 7-9、图 7-10 所示。建筑平面图包含被剖切到的断面、可见的建筑构配件和必要的尺寸、标高。

2. 建筑平面图的作用

建筑平面图主要用来表达建筑物的平面形状、房间布置、墙体的厚薄、门窗洞口的大小与位置、各细部构造位置、设备、各部分尺寸等。它是施工放线、墙体砌筑、门窗安装和室内装修的重要依据。

3. 建筑平面图的分类

一般建筑平面图与楼房的层数有关，房屋有几层，就应有几个平面图。沿房屋底层门窗洞口剖切所得到的平面图称为底层平面图或一层平面图，如图 7-8 所示。沿二层门窗洞口剖切所得到的平面图称为二层平面图，用同样的方法可得到三层、四层等平面图，若各层房间布置完全相同的多层或高层建筑物，其中间层可用一个平面图来表示，称为标准层平面，如图 7-9 所示。最高一层的平面图称为顶层平面图，如图 7-10 所示。在各平面图下方应注明相应的图名及采用比例。

一幢三层或以上的房屋，其建筑平面图至少应有三张，既底层平面图、标准层平面图和屋顶平面图。图 7-1 所示的住宅楼，房屋的底层和顶层平面应分别绘出，二层、三层平面相同，可合画一个标准层平面图。

7.3.2　建筑平面图中常用图例

在建筑平面图中，各建筑配件如门窗、楼梯、坐便器、通风道、烟道等一般都用图例

表示，下面将《建筑制图标准》（GB/T 50104—2010）和《建筑给水排水制图标准》（GB/T 50106—2010）中一些常用的图例摘录为表7-2。

表7-2　常用建筑构造及配件图例

名称	图例	名称	图例	名称	图例
空门门洞	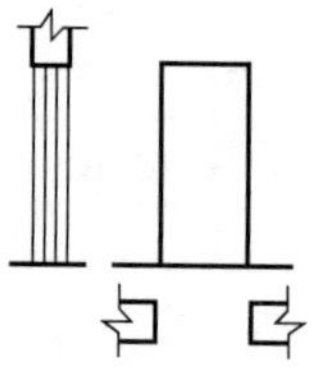	固定窗	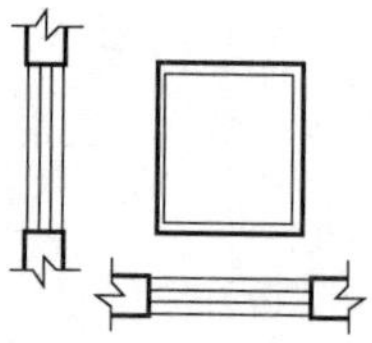	楼梯	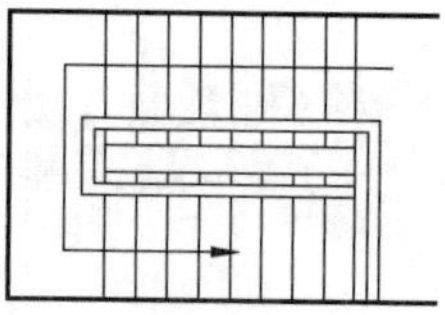 顶层楼梯平面 中间层楼梯平面 底层楼梯平面
单面开启单扇门（包括平开或单面弹簧）	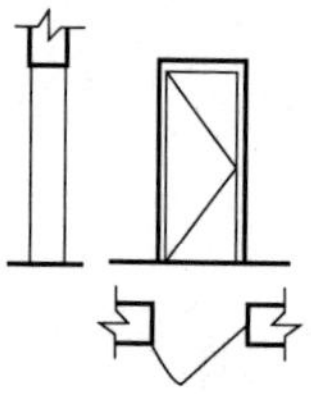	单层外开平开窗	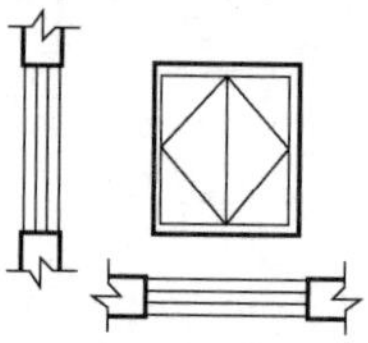		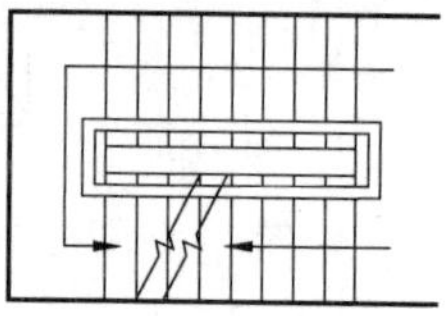
双面开启双扇门（包括双面平开或双面弹簧）	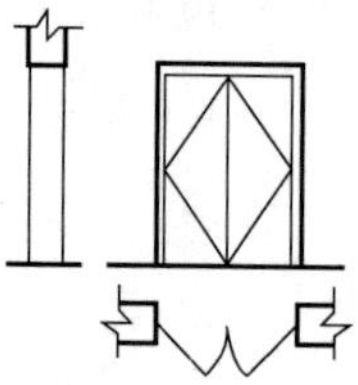	单层推拉窗	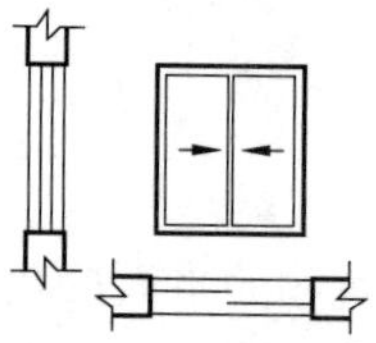		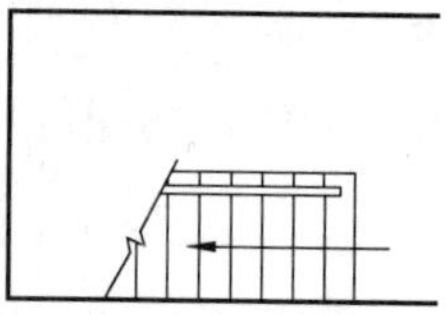
坡道	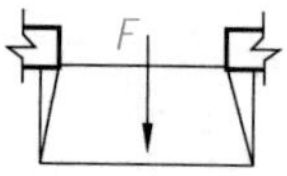	电梯		墙预留槽和洞	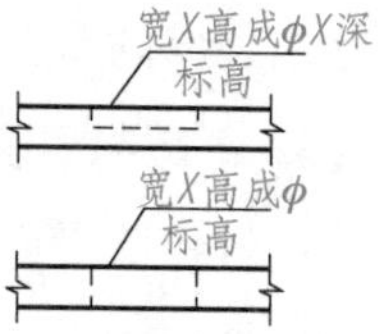 宽X高成φX深 标高 宽X高成φ 标高
孔洞	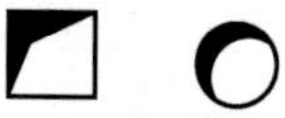	坑槽		烟道	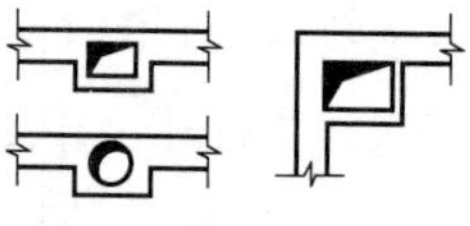
坐式大便器	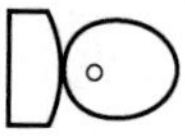	蹲式大便器	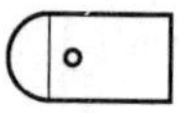	风道	
洗脸盆		浴盆	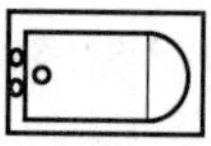		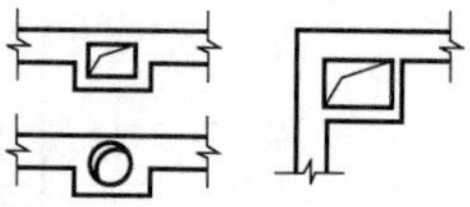

7.3.3　平面图的图示内容

建筑平面图应包含以下内容，如图7-8、图7-9和7-10所示。

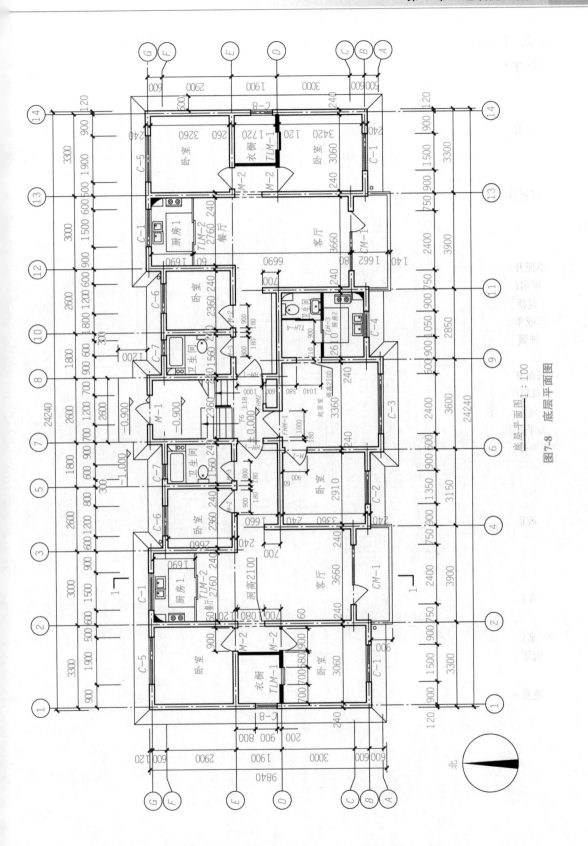

底层平面图 1:100

图7-8　底层平面图

北

土木工程制图

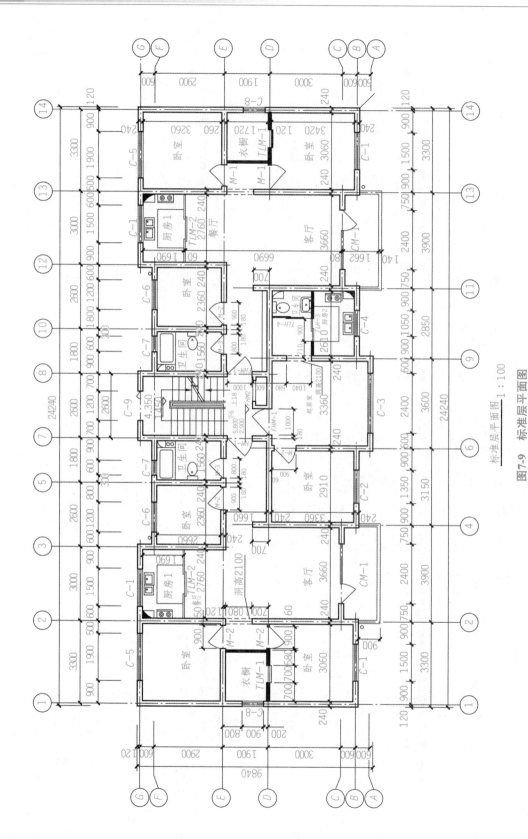

标准层平面图 1：100

图7-9 标准层平面图

108

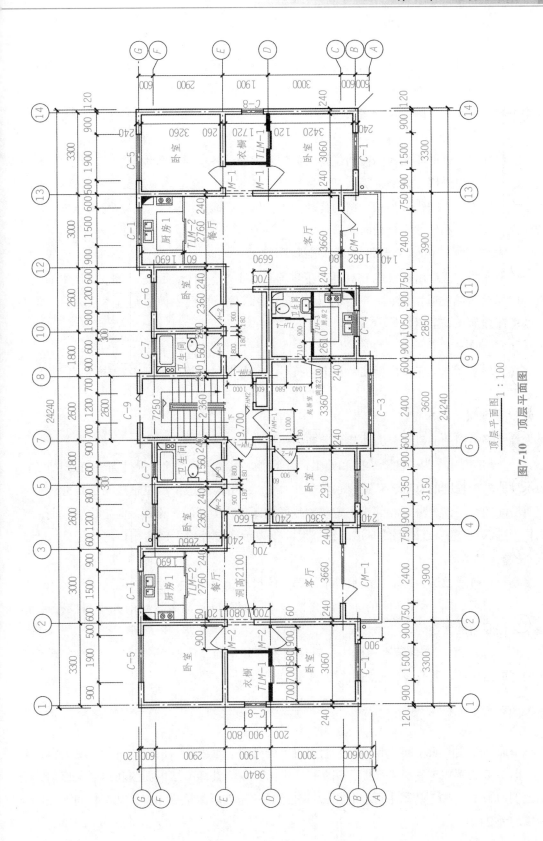

顶层平面图1：100

图7-10　顶层平面图

1. 图名、比例、定位轴线及编号

从图名了解这个建筑平面图是表示房屋的哪一层，比例应视房屋的大小和复杂程度选定，建筑平面图的比例宜采用1：50、1：100、1：150和1：200。根据定位轴线的编号和间距了解各承重构件的定位和房间的大小。

2. 建筑物的平面布置

它包括墙、柱的断面，门窗的位置、类型及编号，各房间的名称等。

按实际绘出外墙、内墙、隔墙和柱的位置，门窗的位置、类型及编号，各房间布局、大小和用途等。门的代号为 *M*，窗的代号为 *C*，代号后面是编号。同一编号表示同一类型的门窗，其构造和尺寸完全相同。

3. 其他构配件和固定设施的图例或轮廓形状

在平面图上应绘出楼（电）梯间、卫生器具、水池、橱柜、配电箱等。底层平面图还有入口（台阶或坡道）、散水、明沟、雨水管、花坛等，楼层平面图则有本层阳台、下一层的雨篷顶面和局部屋面等。

4. 各种有关的符号

在底层平面图上应画出指北针和剖切符号。在需要另画详图的局部或构件处，画出详图索引符号。

5. 平面尺寸和标高

建筑平面图上的尺寸分为外部尺寸和内部尺寸。

1）外部尺寸。为了便于读图和施工，外部通常标注三道尺寸：最外面一道是总尺寸，表示房屋外墙轮廓的总长、总宽（也称外包尺寸）；中间一道是定位轴线间的尺寸，一般表明房间的开间、进深（相邻横向定位轴线间的距离称为开间，相邻纵向定位轴线间的距离称为进深）；最靠近图形的一道是细部尺寸，表示房屋外墙上门窗洞口等构配件的大小和位置。

室外台阶或坡道、花池、散水等附属部分的尺寸，应在其附近单独标注。

2）内部尺寸。标注房间的净空尺寸，室内门窗洞口及固定设施的大小与位置尺寸、墙厚、柱断面的大小等。

3）标高尺寸。在建筑平面图中，宜注出室内外地面、楼地面、阳台、平台、台阶等处的完成面标高。若有坡度应注出坡比和坡向。

7.3.4 建筑平面图的识读

平面图的读图顺序按"先底层、后上层，先外墙、后内墙"的思路进行。

图7-8为某住宅底层平面图，图7-9和图7-10为其标准层平面图和顶层平面图。绘图比例均为1：100。从图中可以看出，该住宅的一至四层的格局布置是基本相同。外墙和内墙均为24墙。

从图 7-8 底层平面图左下角的指北针可以看出，该住宅的朝向为座北朝南。楼层布局为一梯三户，总长 24.24 m，总宽 9.84 m。单元入口 M-1 设在⑦~⑧轴线之间的外墙上。东西两侧户型相同，均为三室一厅、一厨一卫一衣橱、餐厅门厅和客厅连同，南面一阳台。靠山墙卧室开间尺寸为 3 300，进深尺寸均为 3 600，靠卫生间小卧室的开间尺寸为 2 600，进深尺寸为 2 900。对楼体的户型为两居室，一厨一卫布局。大居室开间尺寸为 3 600，进深尺寸为 4 200，小居室开间尺寸为 3 150，进深尺寸为 3 600。

对照图 7-9 标准层平面图和图 7-10 顶层平面图可以看到，该建筑共有九种不同编号的门，即单元门 M-1（子母门宽 1 200），入户门 FHM-1（防火门宽 1 000），卧室门 M-2（宽 900），卫生间门 M-3（宽 800），衣橱拉门 TLM-1（推拉门），厨房拉门 TLM-2，小居室厨房拉门 TLM-3，小居室卫生间门 TLM-4，设备间门 FHM-2；窗的编号分别为 C-1、C-9 九种窗编号不同的窗，大小在第二道尺寸中标出，客厅与阳台连接为窗门 CM-1。楼梯间设在⑦~⑧轴之间，开间尺寸为 2 600，进深尺寸为 5 400，其形式为双跑楼梯，从该层至上一层共上 18 级踏步。厨房有水池、操作台，卫生间有浴缸、坐便器、洗手盆，在厨房和卫生间分别设有烟道和通风道。根据图 7-7 底层平面图所示，从室内地面下 5 级踏步到室外入口台阶，台阶尺寸为 2 600×1 200 厚度为 100。室外地坪标高为-1.000 m，室内外高差为 1 000，建筑物四周设有 600 宽散水，在②~④轴线之间有 1-1 剖面图的剖切符号，向左进行投射。在阳面②轴线附近阴面③轴线附近有两个雨水管，在对称处还有两个，前后墙面一共四雨水管。

7.3.5　建筑平面图的画图步骤

现以本节的底层平面图为例，说明绘制平面图的一般步骤。

1. 确定绘图比例和图幅

首先根据建筑物的长度、宽度和复杂程度选择比例，再结合尺寸标注和必要的文字说明所占的位置，确定图纸的幅面。

2. 画底稿

（1）布置图面确定画图位置，画定位轴线，如图 7-11 所示。

（2）绘制墙（柱）轮廓线及门窗洞口线、门窗图例符号等，如图 7-12 所示。

（3）绘制其他构配件，如台阶、楼梯、散水、卫生器具等构配件的轮廓线，如图 7-13 所示。

3. 加深图线

仔细检查，无误后，按照《建筑制图标准》（GB/T 50104—2010）中对各种图线的应用的规定加深图线，如图 7-14 所示。

凡是被剖切到的主要建筑构造如墙、柱断面的轮廓线用粗实线（b）；被剖切到的次要建筑构造如玻璃隔墙、门扇的开启线、窗的图例线以及未剖切到的建筑配件的可见轮廓线如楼梯、地面高低变化的分界线、台阶、散水、花池等用中实线（0.5 b）；图例线、尺寸线、尺寸界线、标高、索引符号、雨水管等用细实线绘制（0.25 b）。如需表示高窗、洞口、通气孔、槽、地沟等不可见部分则用虚线绘制。

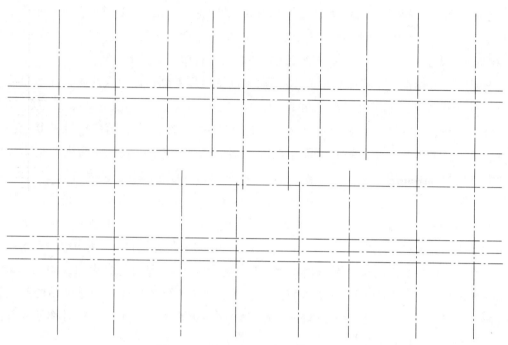

图 7-11　确定画图位置，画定位轴线

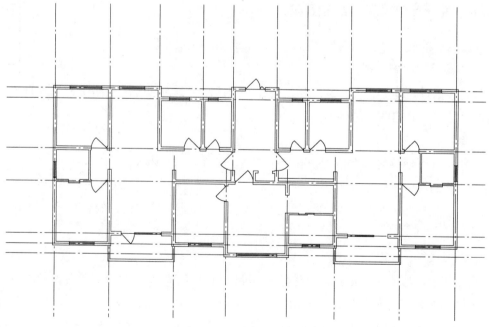

图 7-12　画出墙柱厚度、门窗洞口

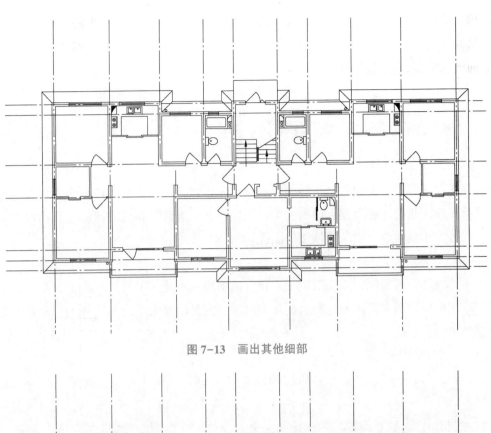

图 7-13　画出其他细部

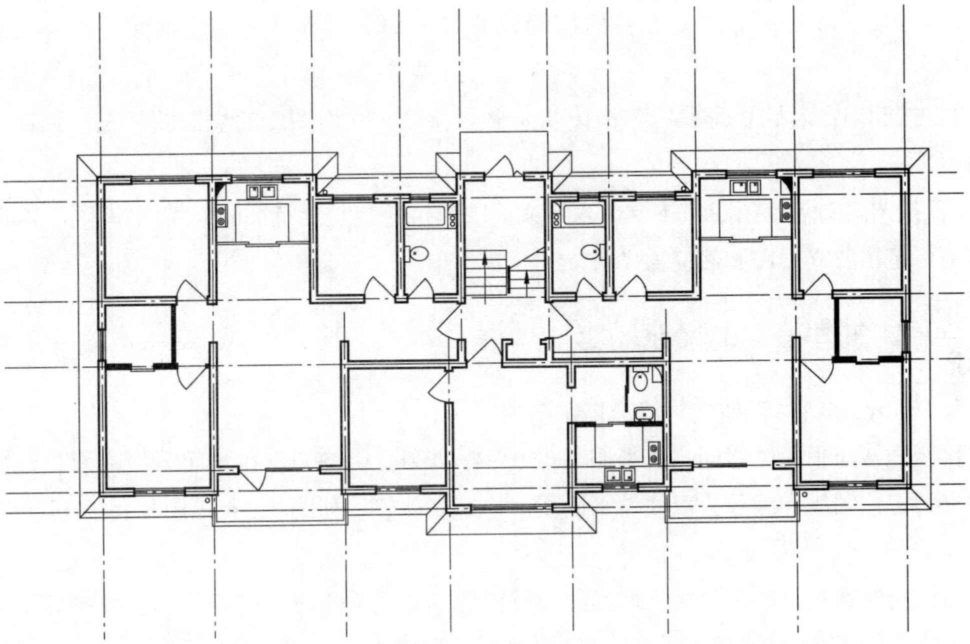

图 7-14　加深图线

4. 注写尺寸、画图例符号、写说明等，完成全图

根据平面图尺寸标注的要求，标出各部分尺寸，画出其他图例符号，如指北针、剖切符号、索引符号、门窗编号、轴线编号等，注写图名、比例、说明等内容，汉字宜写成长仿宋体，最后完成全图，如图 7-8 所示。

7.4 建筑立面图

7.4.1 建筑立面图的形成、作用及分类

1. 建筑立面图的形成

将建筑物的各个立面向与之平行的投影面作正投影，所得的投影图称为立面图。立面图主要反映建筑物的外部造型、门窗、阳台、檐口、雨水管等相应方向的可见构件的结构形状、尺寸大小及其位外墙装饰做法的图样。

2. 建筑立面图的作用

一座建筑物是否美观，主要取决于它在立面上的艺术处理。在设计阶段，立面图主要用来进行艺术处理和方案比较选择。在施工阶段，主要用来表达建筑物外型、外貌、立面材料及装饰做法。

3. 建筑立面图的分类

1）按轴线命名。立面图的名称按轴线编号来命名，如①~⑨立面图、⑨~①立面图等。

2）按朝向命名。立面图的名称按朝向命名，如南立面图、北立面图、东立面图、西立面图等。

3）按入口命名。把建筑主要出入口或反映建筑外貌主要特征的立面图作为正立面图、相应地可定出背立面图和侧立面图等。

7.4.2 建筑立面图的图示内容

1. 图名、比例及立面两端的定位轴线和编号

比例通常与平面图相同，宜采用1∶50、1∶100、1∶200。在立面图中一般只画出立面两端的定位轴线和编号，以便与平面图对应起来阅读，如图7-15、图7-16所示。

2. 图线

为使建筑物外形层次分明，地面线为特粗线，有稳重之感。屋顶外形和外墙面的体形轮廓，通常为粗实线。门、窗、洞口等次要轮廓用中实线画出。标高符号、窗户分隔线、雨水管、勒脚线、墙面粉刷分隔线等用细实线画出。

3. 尺寸标注及文字说明

立面图中应标注必要的高度方向尺寸和标高，如室内外地面、门窗洞口、阳台、雨篷、女儿墙、台阶等处的标高和尺寸。并用文字说明墙面的装饰材料、作法等。

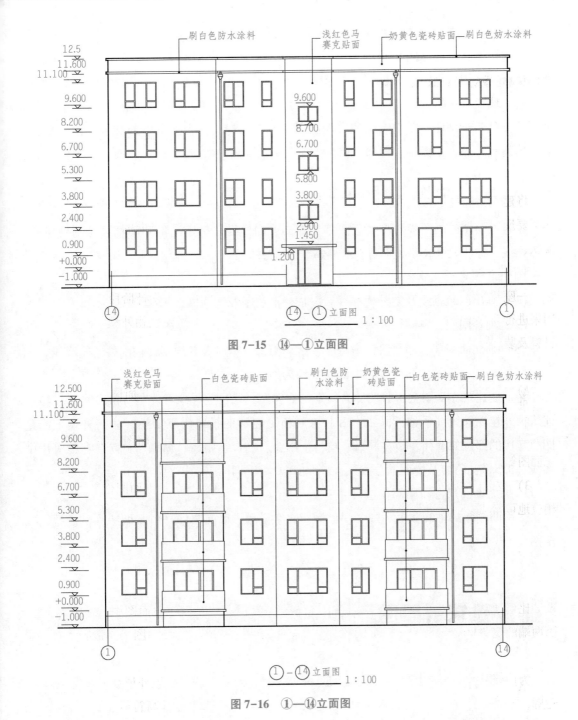

图 7-15　⑭—①立面图

图 7-16　①—⑭立面图

7.4.3　建筑立面图的识读

图 7-15、图 7-16 为某住宅不同方向的立面图，立面图采用以轴线方式命名，图形绘图比例采用与平面图相同的比例 1∶100 绘制的。从图中可以看出，该住宅为四层，总高

12.500 m。整个立面简洁、大方，入口处单元门为三七对开防盗门，门口有一步台阶，上方设有为雨篷，阳面靠阳台角处设有二处雨水管，阴面靠墙面前后衔接处设有两处雨水管。所有窗采用塑钢窗，分格形式如图所示。整栋住宅外墙面全部采用浅红色马赛克贴面，女儿墙面采用奶黄色瓷砖贴面，女儿墙上下突出沿采用刷白色防水涂料，阳台外围墙面采用白色瓷砖贴面。图中除标注底面高程、室内高程、窗台上下沿的高程、楼顶高程、女儿墙高程之外，还标注了楼梯间窗和雨篷顶面的标高。

7.4.4 建筑立面图的画图步骤

建筑立面图的画图步骤与平面图基本相同，同样经过选定比例和图幅、绘制画底稿、加深图线、标注尺寸文字说明等几个步骤，现说明如下。

1. 打底稿

（1）画出两端轴线及室外地坪线、屋顶外形线和外墙的体形轮廓线。

（2）画各层门、窗洞口线。

（3）画立面细部，如台阶、窗台、阳台、雨篷、檐口等其他细部构配件的轮廓线。

2. 检查无误后按立面图规定的线型加深图线

为了使建筑立面图主次分明，有一定的立体感，通常室外地坪线用特粗实线（$1.4b$）；建筑物外包轮廓线（俗称天际线）和较大转折处轮廓的投影用粗实线（b）；外墙上明显凹凸起伏的部位如壁柱、门窗洞口、窗台、阳台、檐口、雨篷、窗楣、台阶、花池等用中实线（$0.5b$）；门窗及墙面的分格线、落水管、引出线用细实线（$0.25b$）绘制。

3. 标注标高尺寸和局部构造尺寸

注写两端墙的轴线，书写图名、比例、文字说明、墙面装修材料及做法等，最后完成全图。

7.5 建筑剖面图

7.5.1 建筑剖面图的形成、作用及剖切位置

1. 建筑剖面图的形成

建筑剖面图是假想用一个或多个垂直于横向或纵向轴线的剖切平面，将建筑物沿某部位剖开，移去观察者与剖切平面之间的部分，将余下部分的作正投影所得的正投影图，称剖面图。

2. 建筑剖面图的作用

建筑剖面图主要用于表达建筑物的分层情况、层高、门窗洞口高度及各部分竖向尺

寸，结构形式和构造做法、材料等情况。建筑剖面图与平面图、立面图相互配合，构成建筑物的主体情况，是建筑施工图的三大基本图样之一。

3. 建筑剖面图的剖切位置

一般民用建筑物选用横向剖切，剖切位置选择在能反映建筑物全貌、构造特性以及有代表性的部位，经常通过门窗洞和楼梯间剖切，剖面图的数量应根据房屋的复杂程度和施工需要而定，其剖切符号一般标注在底层平面图上。图 7-17 所示的 1-1 剖面图的剖切符号标注在图 7-8 底层平面图中。

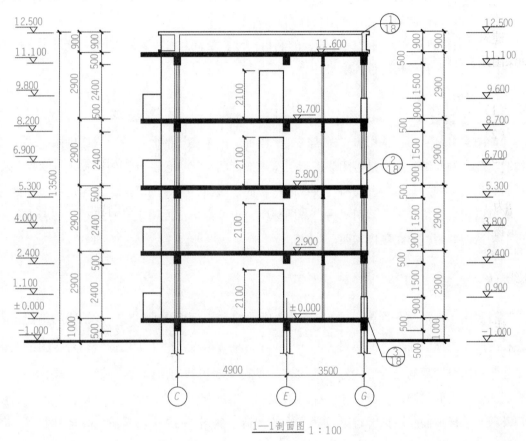

1—1 剖面图 1:100

图 7-17　剖面图

7.5.2　建筑剖面图的图示内容

1. 图名、比例、轴线及编号

建筑剖面图图名一般采用与剖切编号来命名，比例与平面图相同。凡是被剖切到的墙、柱都应标出定位轴线及其编号，以便与平面图进行对照，如图 7-17 所示。

2. 剖切到的构配件

剖面图上要绘制剖切到的构配件以表明其竖向的结构形式及内部构造。例如楼面、室内外地面及散水、屋顶及其檐口、剖到的内墙、外墙、柱及其构造、门、窗等，剖到的各种梁、板、雨篷、阳台、楼梯等。剖面图中一般不画基础部分。

3. 未剖切到但可见的构配件

剖面图中要绘制未剖切到的构配件的投影。例如看到的墙、柱、门、窗、梁、阳台、楼梯段、装饰线等。

4. 尺寸标注

1）标高尺寸。室内外地面、各层楼地面、台阶、楼梯平台、檐口、女儿墙顶等处标注建筑标高；门窗洞口等处标注结构标高。

2）竖向构造尺寸。通常标注外墙的洞口尺寸、层高尺寸、总高尺寸三道尺寸，内部标注门窗洞口、其他构配件高度尺寸。

3）轴线尺寸。

5. 详图索引符号、文字说明

详图索引符号与某些用料、做法的文字注释。由于建筑剖面图的图样比例限制了房屋构造与配件的详细表达，是否用详图索引符号或者用文字进行注释，应根据设计深度和图纸用途确定。例如，用多种材料构筑成的楼地面、屋面、阳台围墙等，其构造层次和做法一般可以用索引符号进行索引，另有详图标明，也可由施工说明来统一表达，或者直接用多层构造的共用引出线顺序说明。

7.5.3 建筑剖面图的识读

对照图 7-8 底层平面图，可知图 7-17 所示的 1—1 剖面图是在②~③轴线间剖切，向左投射所得的横剖面图，剖切到ⓒⒺⒼ轴线的纵墙及其墙上的门窗和阳台，图中表达了住宅地面至屋顶的结构形式和构造内容。反映了剖切到的南阳台、通往阳台的落地窗、看到②轴墙上的门洞口、厨房的推拉门 *TLM*-2、客厅与餐厅之间的过梁、阴面外墙上的窗户及散水、楼地面、屋顶、过梁、女儿墙的构造。从图 7-17 中可看出，住宅共四层，各层楼地面的标高分别±0.000、2.900 m、5.800 m、8.700 m 及 11.600 m，层高 2.900 m，女儿墙顶面的标高为 12.500 m，室外地面标高为-1.000 m。窗 *C*-1 高 1 500，窗台高 1.100，门洞高 2 100 等。此住宅垂直方向的承重构件为砖墙，水平方向的承重构件为钢筋混凝土梁和楼板（图中涂黑断面），故为混合结构。在Ⓖ轴线外墙地面、窗台外墙和女儿墙上的部位，画出了详图索引符号。

7.5.4 剖面图的画图步骤

剖面图的比例、图幅的选择与建筑平面图和立面图相同，其画图步骤如下：

1. 打底稿

（1）画定位轴线、室内外地坪线、楼面线、屋面、屋顶等。

（2）画出剖切到的墙身、门窗洞口、楼板、屋面、平台板厚度、梁等。

（3）画出未剖切到的可见轮廓，如墙垛、梁、门窗、楼梯栏杆扶手、雨篷、檐口等。

2. 检查无误后，按规定线型加深图线

建筑剖面图中的图线一般有以下几种：室内外地坪线用特粗实线（$1.4b$）；凡是被剖切到的主要建筑构造、构配件的轮廓线以及很薄的构件如架空隔热板用粗实线（b）；次要构造或构件以及未被剖切到的主要构造的轮廓线如阳台、雨篷、凸出的墙面、可见的梯段用中实线（$0.5b$）；细小的建筑构配件、面层线、装修线（如踢脚线、引条线等）用细实线（$0.25b$）。

3. 完成其他工作

标注标高和构造尺寸，注写定位轴线编号，书写图名、比例、文字说明等，最后完成全图。

7.6 建筑详图

7.6.1 概述

由于平面、立面、剖面图一般所用的绘图比例较小，建筑中许多细部构造和构配件很难表达清楚，需另绘较大比例的图样，将这部分节点的形状、大小、构造、材料、尺寸用较大比例全部详细表达出来，这种图样称为建筑详图，也称为大样图或节点图。

建筑详图是平、立、剖面图的补充图样，其特点是比例大、图示清楚、尺寸标注齐全、文字说明详尽。常用的详图有三种：楼梯详图、平面局部详图、外墙剖面详图。本书以外墙剖面详图、楼梯详图为例说明详图的画法和识读方法。

7.6.2 外墙剖面详图

1. 形成

外墙剖面详图是用垂直于外墙的剖切平面将外墙沿某处剖开后投影所形成的。它主要表示外墙与地面、楼面、屋面的构造连接情况以及檐口、门窗顶、窗台、散水、明沟等处的构造情况，是施工的重要依据。

一般外墙剖面详图用较大的比例绘制，如 $1:50$、$1:20$、$1:10$ 等的比例。如图 7-18 中有 3 个详图 $\frac{1}{17}$ $\frac{2}{17}$ $\frac{3}{17}$，是从图 7-17 中索引的。

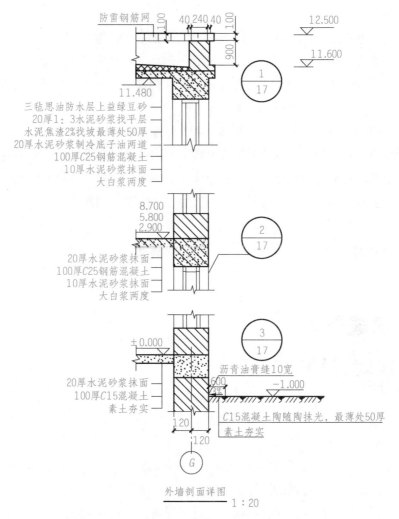

图 7-18 外墙剖面详图

2. 图示内容

在多层房屋中，各层的构造情况基本相同，可只表示墙脚、阳台与楼板和檐口三个节点，各节点在门窗洞口处断开，在各节点详图旁边注明详图符号和比例。其主要内容有：

（1）墙身底部。外墙底部主要表示一层窗台及以下部分，包括室外地坪、散水（或明沟）、防潮层、勒脚、底层室内地面、踢脚、窗台等部分的形状、尺寸、材料和构造作法。

（2）阳台、楼面节点（中间部分）。它主要表示楼面、门窗过梁、圈梁、阳台等处的形状、尺寸、材料和构造作法，此外，还应表示出楼板与外墙的关系。

（3）檐口节点。它主要表示屋顶、檐口、女儿墙、屋顶圈梁的形状、尺寸、材料和构造作法。

3. 外墙剖面详图的识读

以图 7-18 所示内容为例，识读外墙剖面详图。

该详图由 1-1 剖面图（图 7-17）索引，编号分别为 1、2、3 号的详图，比例 1∶20。

（1）$\frac{3}{17}$ 墙身底部节点详图。Ⓖ 轴线外墙厚 120，轴线距内墙为 120。为迅速排出雨水以保护外墙墙基免受雨水侵蚀，沿建筑物外墙地面设有坡度为 3%、宽 600 的散水，散水与外墙面接触处缝隙用沥青油膏填实，其构造做法见图。底层室内地面的详细构造用引出线分层说明，其做法如图。为防止窗台流下的雨水侵蚀墙面，窗台底面抹灰设有滴水槽，其构造尺寸如图。

（2）$\frac{2}{17}$ 楼面节点详图。由节点详图可知，楼板为 100 厚现浇钢筋混凝土楼板，上下抹灰，天棚大白浆两度。

（3）$\frac{1}{17}$ 檐口节点。该建筑不设挑檐，女儿墙厚 240、高 900，此处泛水的做法是将油毡卷起用镀锌贴片和水泥钉钉牢，用密封胶封严。屋顶为钢筋混凝土楼板，上设找平层（20 厚水泥砂浆）、隔气层（冷底子油两道）、保温层（水泥焦渣并进行 2% 找坡）、找平层（20 厚 1∶3 水泥砂浆）、防水层（三毡四油）和保护层（绿豆砂）等共七层处理来进行保温和防水处理。女儿墙上周边设有防雷电的钢筋网。

7.6.3　楼梯详图

1. 楼梯及楼梯间详图的组成

楼梯是多层房屋垂直交通的主要设施，应满足行走方便，人流疏散畅通，有足够的坚固耐久性等要求。目前，多采用预制或现浇钢筋混凝土楼梯。楼梯主要由梯段、平台和栏杆扶手（或栏板）组成。梯段是联系两个不同标高平台的倾斜构件，梯段上有踏步，踏步是由水平的踏面和垂直的踢面组成的，平台是供行人休息和楼梯转换方向之用，栏杆扶手是设在梯段及平台边缘上的保护构件，以保证楼梯交通安全，在一般民用建筑中常设的楼梯有单跑楼梯和双跑楼梯两种。

楼梯详图一般包括楼梯间平面详图、剖面详图、踏步、栏杆扶手详图，这些详图应尽可能画在同一张图纸内。平面、剖面详图比例要一致（如 1∶20、1∶30、1∶50），以便对照阅读，踏步、栏杆扶手详图比例要大些，以便更详细、清楚地表达该部分构造情况。下面以现浇钢筋混凝土板式双跑楼梯为例说明楼梯详图的内容、画法。

2. 楼梯平面详图

房屋平面图中楼梯间部分局部放大，称为楼梯平面详图。一般每层楼梯都应绘出平面图，但当多层楼梯的中间各层相同时，可以用一个标准层表示。因此，多层房屋一般应绘出楼梯一层平面图、标准层平面图、顶层平面图。

楼梯平面图是沿本层楼地面上方约 1 处作水平剖切面，往下投影而得，按"国标"规定，均在底层、中间层平面图中以 45° 细斜折断线表示上行的梯段，并应画出该段楼梯的全部踏步数，画出方向箭头表示行进的方向，"上""下"分别表示上行的梯段和下行的梯段如图 7-19 所示。

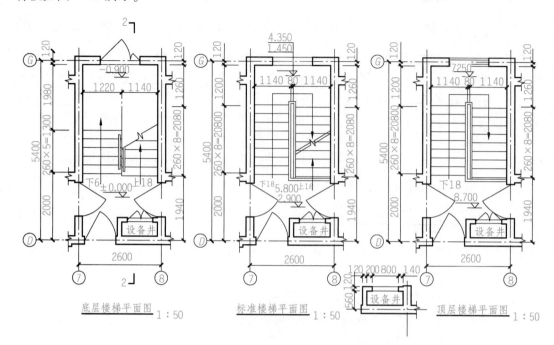

图 7-19　楼梯平面详图

本例楼梯平面图中，除注出楼梯间的开间和进深尺寸、楼地面和平台面的标高尺寸外，还需注出各细部的详细尺寸。通常把梯段长度尺寸与踏面数、踏面宽的尺寸合并写在一起，如底层平面图中的 260×8＝2 080，表示该梯段有 8 个踏面，每一踏面宽 260 mm，楼梯段水平长度为 2 080 mm，各层平面图中还应标出该楼梯间的轴线，并且在底层平面图还应注明楼梯剖面图的剖切位置线（如图 7-19 中底层楼梯平面图的 2-2）。

读图时，要掌握各层平面图的特点，如果没有地下室，底层平面图只有一个被剖切的梯段及扶手栏杆，并注有"上"字的箭头。顶层平面图由于剖切平面在栏杆扶手之上，未剖到楼梯段，在图中画有下行的完整梯段，没有 45°斜折断线（如图 7-19 中顶层楼梯平面图），并注有"下"字的箭头，楼梯的栏杆扶手在顶层平面有一段水平段连接到墙上。中间层平面图既要表达出被剖到的上行梯段，还要表达出下行的完整梯段、楼梯休息平台以及平台往下的梯段。上一层和下一层均有 18 级踏步，这部分梯段与被剖切的梯段的投影重合，以 45°折断线为分界（如图 7-19 中标准层楼梯层平面图），由于梯段的踏步最后一级走到中间平台或楼层平台，因此，在平面图上梯段踏步宽的投影数总是比梯段踏步高的个数少一个。

3. 楼梯剖面详图

楼梯剖面图是用一个铅垂的剖切平面通过各层的一个梯段和门窗洞口垂直剖切，向另一未剖到的梯段方向投影所得到的投影图，如图 7-20 所示。剖面图应能完整地、清晰地表示出各梯段、平台、栏杆等的构造、结构形式及它们的相互关系。本例楼梯，每层有两个梯段，为平行双跑楼梯，从图中可知这是一个现浇钢筋混凝土板式楼梯，在多层房屋中，若中间各层的楼梯构造相同时，则剖面图可只画出底层、中间层和顶层剖面，中间用折断线分开。

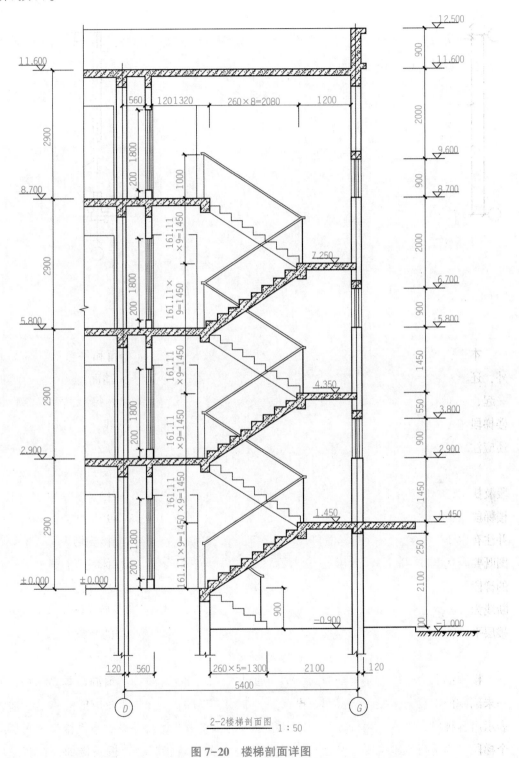

2-2楼梯剖面图 1:50

图 7-20 楼梯剖面详图

  剖面图中应注明地面、平台面、楼面等的标高和梯段、栏杆扶手的高度尺寸。梯段高度尺寸注法与楼梯平面图中梯段长度注法相同，在高度尺寸中注的是梯级数，梯级数总比踏面数多一个。

  在剖面详图上，踏步、扶手和栏杆等一般都另有详图，用更大的比例画出它们的形式、大小、材料以及构造情况。

第8章 结构施工图

本章导读

　　任何一幢建筑物，都是由基础、墙体、柱、梁、楼板和屋面板等构件组成的。这些构件承受着建筑物的各种载荷，并按一定的构造和连接方式组成空间结构体系，这种空间结构体系称为建筑结构。在建筑设计的基础上，对表达房屋各承重构件的形状、大小、材料、构造位置及关系的图样称为结构施工图。

　　本章主要介绍结构施工图的主要内容、相关规定、钢筋混凝土构件的相关知识，以及基础施工图、楼层和楼梯结构施工图、钢筋混凝土构件的平面整体表示法等内容。

技能目标

- 了解结构施工图的主要内容和相关规定。
- 掌握钢筋混凝土构件的基础知识和图示方法。
- 掌握基础施工图和基础详图的图示内容，能够看懂基础施工图和基础详图。
- 熟悉楼层结构平面图。
- 掌握钢筋混凝土构件的平面整体表示法。

思政目标

　　通过本章学习，培养学生集体主义观念。房屋建筑物为什么如此坚固，具有很强的抗震性，是因为建筑物中的每根立柱、每条横梁，它们之间通过一定方式连接到一起，形成一个牢固整体。

8.1 概　述

　　建筑施工图主要表达了房屋的外部形状、平面布局、建筑构造和内外装修等内容，而建筑的承重构件（基础、梁、板、柱）的布置，结构构造等内容还没有表达出来。因此，在房屋设计中除了建筑设计绘制建筑施工图，还要进行结构设计绘制结构施工图。

8.1.1 结构施工图简介

在房屋建筑结构中，结构的作用是承受重力和传递荷载，一般情况下，重力作用在楼板上，由楼板将荷载传递给墙或梁，再由梁传给柱，然后由柱或墙传递给基础，最后由基础传递给地基，如图8-1所示。

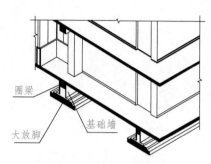

图 8-1　基础承受载荷

结构施工图是施工定位、放线、基槽开挖、支承模板、绑扎钢筋、浇灌混凝土、安装梁板等预制构件、编制预算和施工组织计划的重要依据。

目前，民用建筑采用的结构形式主要有以下几种：

（1）框架结构：主要承重构件为混凝土梁、板、柱。

（2）砖混结构：主要承重构件为墙体和混凝土楼板。

（3）钢筋混凝土结构：承重的主要构件是由钢筋混凝土建造的。

（4）框架剪力墙结构：主要承重构件为混凝土墙和混凝土梁、板、柱。

（5）钢结构：主要承重构件为钢柱、钢梁。

我国建造的住宅楼、办公楼、教学楼、宾馆、商场等民用建筑，都广泛采用砖混结构和钢筋混凝土结构。本章以砖混结构和钢筋混凝土结构为例，介绍结构施工图的阅读方法。

8.1.2 结构施工图的内容

1. 结构设计说明

它是用文字对图纸中未表达清楚的部分进行补充说明，包括国家有关标准、规范，地质勘探资料、抗震情况、风雪荷载等，以及新建建筑的结构类型、施工要求和施工注意事项等内容。

2. 结构平面布置图

结构平面布置图是表示房屋中各承重结构总体平面布置的图样，主要包括结构构建的位置、数量、型号及相互关系。常用的结构平面布置图，包括基础平面图、基础详图、楼层结构平面图、屋顶结构平面布置图和柱网平面图等。

3. 结构构件详图

结构构件详图是表示单个构件形状、尺寸、材料、构造及工艺的图样，包括梁、柱、板及基础的结构详图，楼梯结构详图，屋架结构详图及其他图样。

8.1.3 常用结构构件代号

钢筋混凝土构件图中，为了方便阅读，简化标注，常用代号表示构件名称，代号后面用阿拉伯数字标注该构件的型号或编号。《建筑结构制图标准》（GB/T 50105—2010）中规定的常用构件代号见表 8-1。

表 8-1 常用构件代号

序号	名称	代号	序号	名称	代号	序号	名称	代号
1	板	B	15	吊车梁	DL	29	框架柱	KZ
2	屋面板	WB	16	圈梁	QL	30	基础	J
3	预应力空心板	YKB	17	过梁	GL	31	设备基础	SJ
4	空心板	KB	18	连系梁	LL	32	桩	ZH
5	折板	ZB	19	基础梁	JL	33	柱间支撑	ZC
6	密肋板	MB	20	楼梯梁	TL	34	垂直支撑	CC
7	楼梯板	TB	21	框架梁	KL	35	水平支撑	SC
8	盖板或沟盖板	GB	22	屋架	WJ	36	梯	T
9	挡雨板或檐口板	YB	23	托架	TJ	37	雨篷	YP
10	吊车安全走道板	DB	24	天窗架	CJ	38	阳台	YT
11	墙板	QB	25	框架	KJ	39	预埋件	M
12	天沟板	TGB	26	刚架	GJ	40	天窗端壁	TD
13	梁	L	27	支架	ZJ	41	钢筋网	W
14	屋面梁	WL	28	构造柱	GZ	42	钢筋骨架	G

8.2 钢筋混凝土构件图

8.2.1 混凝土和钢筋混凝土

混凝土是由水泥、砂子、石子和水按一定比例配合后，浇筑在模板内，经震捣密实和养护而形成的一种人造石材。混凝土按抗压强度的不同分为 14 个强度等级，即 $C15$、$C20$、$C25$、$C30$、$C35$、$C40$、$C45$、$C50$、$C55$、$C60$、$C65$、$C70$、$C75$、$C80$。凝固后的混凝土构件具有较高的抗压强度，但抗拉强度却很低，容易在受拉或受弯时断裂。如图 8-2 (a) 所示，支承在两端砖墙上的混凝土简支梁，在承受外力下梁下面受拉，很容易产生裂纹直至断裂。

为了提高混凝土构件的抗拉能力，常在混凝土构件的受拉区域内配置一定数量的钢筋，使两种材料黏结成一个整体，共同承受外力，这种配有钢筋的混凝土，称为钢筋混凝土。钢筋混凝土构件由钢筋和混凝土两种材料组合而成，混凝土由水、水泥、砂、石子按一定比例拌和硬化而成，钢筋具有良好的抗拉强度，与混凝土有良好的黏合力，其热膨胀系数与混凝土相近，因此，两者常结合组成钢筋混凝土构件。如图 8-2 (b) 所示的支承在两端砖墙上的钢筋混凝土简支梁，将纵向钢筋均匀放置在梁的底部与混凝土浇筑结合在一起，梁在均布荷载的作用下产生弯曲变形，上部为受压区，由混凝土承受压力，下部为受拉区，由钢筋承受拉力，构件坚固不易断裂。常见的钢筋混凝土构件有梁、板、柱、基础、楼梯等。为了提高构件的抗裂性，还可制成预应力钢筋混凝土构件。

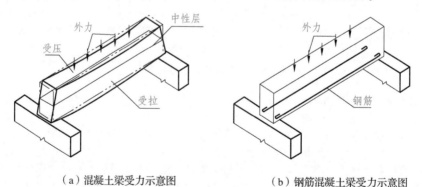

（a）混凝土梁受力示意图 　　　　（b）钢筋混凝土梁受力示意图

图 8-2　混凝土梁与钢筋混凝土梁受力示意图

钢筋混凝土构件有现浇钢筋混凝土构件和预制钢筋混凝土构件两种，现浇钢筋混凝土构件指在建筑工地现场浇制，预制钢筋混凝土构件指在预制品工厂先浇制好，然后运到工地进行吊装，有的预制构件也可在工地预制，然后吊装。

8.2.2 钢筋的分类和作用

1. 钢筋的种类、级别和代号

在《混凝土结构设计规范》（GB 50010—2010）中，按钢筋种类等级不同分别给予不同编号，以便标注和识别，见表 8-2。

表 8-2 普通钢筋的种类和符号

种 类（热轧）	代号	直径 d/mm	屈服强度标准值 f_{yk} N/mm^2	备 注
HPB300（热轧光圆钢筋）	Φ	6~22	300	Ⅰ级钢筋
HRB335（热轧带肋钢筋）	Φ	6~50	335	Ⅱ级钢筋
HRB400（热轧带肋钢筋）	Φ	6~50	400	Ⅲ级钢筋
HRB500（热轧带肋钢筋）	Φ	6~50	500	Ⅳ级钢筋

2. 钢筋的作用和分类

如图 8-3 所示，在钢筋混凝土构件中配置的钢筋，有的是因为受力需要配置的，有的是因为构造需要而配置的，这些钢筋的尺寸、形状和作用各不相同。

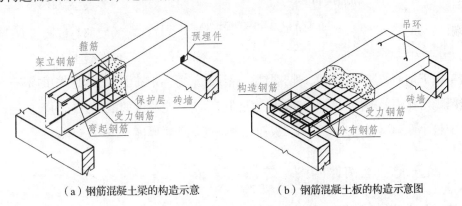

（a）钢筋混凝土梁的构造示意　　　　（b）钢筋混凝土板的构造示意图

图 8-3　钢筋混凝土构件构造示意图

（1）受力筋。承受拉力、压力的钢筋，用于梁、板、柱等各种钢筋混凝土构件中。其中在梁、板中于支座附近弯起以承受支座负弯矩的受力筋，也称弯起钢筋。

（2）钢箍（箍筋）。用以固定受力筋的位置，并承受一部分斜拉应力，多用于在梁和柱内。

（3）架立筋。用以固定梁内箍筋位置，与受力筋、箍筋一起形成钢筋骨架。

（4）分布筋。用于板或墙内，与板内受力筋垂直布置，与受力筋一起构成钢筋网，使力均匀传给受力筋，并抵抗热胀冷缩所引起的温度变形。

（5）其他构造筋。因构造要求或施工安装需要配置的钢筋。如图 8-3（b）所示板中在支座处于板的顶部所加的构造筋属于前者，两端的吊环则属于后者。

3. 钢筋的弯钩

为了使钢筋和混凝土具有良好的黏结力，避免钢筋在受拉时滑动，应在光圆钢筋两端做成半圆弯钩或直弯钩，如图 8-4（a）所示。箍筋常采用光圆钢筋，其两端在交接处也要做出弯钩，如图 8-4（b）所示，弯钩的长度一般分别在两端各伸长 50 mm 左右。带肋钢筋与混凝土的黏结力强，两端不必加弯钩。

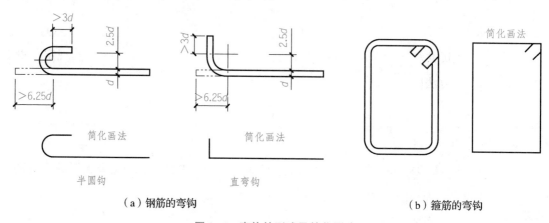

（a）钢筋的弯钩　　　　　　　　　　　　　　　　（b）箍筋的弯钩

图 8-4　弯钩的形式及简化画法

4. 钢筋的保护层

为了保护钢筋，防锈、防火、防腐蚀、保证黏结力，钢筋混凝土构件中的钢筋不能外露，规范规定在钢筋的外边缘与构件表面之间应留有一定厚度的混凝土作为保护层。一般梁和柱中最小保护层厚度为 25 mm，板和墙中钢筋保护层厚度为 10~15 mm。

8.2.3　钢筋混凝土构件的图示方法

钢筋混凝土结构图不仅要用投影表达出构件的形状，还要表达钢筋本身及其在混凝土中的情况，如钢筋的种类、直径、形状、长度、位置、数量及间距等。因此在绘制钢筋混凝土结构图时，假想混凝土为透明体且不画材料符号，使包含其内的钢筋成为可见，混凝土构件的轮廓线用细或中实线画出，用粗实线或黑圆点（直径小于 1 mm）表示钢筋。

1. 钢筋编号

为便于识读和施工，构件中的各种钢筋应编号，将种类、形状、直径、尺寸完全相同的钢筋编成一个号，否则有一项不同则另行编号。编号用阿拉伯数字注写在直径为 6 mm

的细线圆圈内，并用引出线指到对应钢筋上。同时在引出线上标注出相应钢筋的代号、直径、数量、间距等，如图 8-5 所示。箍筋一般不注明根数，而是用等间距代号@后面著名间距表示。

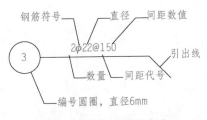

图 8-5　钢筋的标注方法

2. 钢筋的一般表示法

根据中华人民共和国建设部《建筑结构制图标准》（GBT 50150—2010）的规定，钢筋在图中的表示方法应符合表 8-3 的规定画法。

表 8-3　普通钢筋的表示方法

序号	名称	图例
1	钢筋断面	●
2	无弯钩的钢筋端部	
3	带半月形弯钩钢筋端部	
4	带直钩的钢筋端部	
5	带丝扣的钢筋端部	
6	无弯钩的钢筋搭接	
7	带半月弯钩的钢筋搭接	
8	带直钩的钢筋搭接	
9	套管接头（花篮螺丝）	

3. 钢筋混凝土构件图

图 8-6 所示为钢筋混凝土简支梁的构件详图，包括立面图、断面图、钢筋详图和钢筋用量表。图中应详尽地表达出所配置钢筋的级别、形状、尺寸、直径、数量及摆放位置。

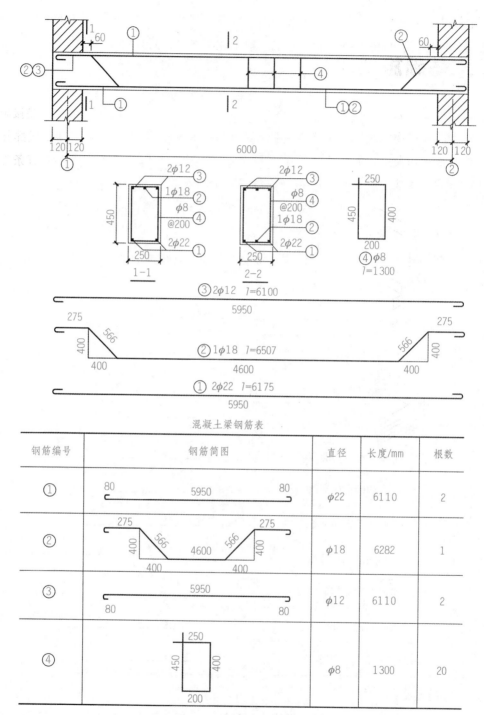

图 8-6　钢筋混凝土梁结构图

混凝土梁钢筋表

钢筋编号	钢筋简图	直径	长度/mm	根数
①	80　　　5950　　　80	$\phi 22$	6110	2
②	275　　　275 / 400 / 566　566 / 4600 / 400　400	$\phi 18$	6282	1
③	5950 / 80　　　80	$\phi 12$	6110	2
④	250 / 450 / 400 / 200	$\phi 8$	1300	20

4. 钢筋用量表

钢筋用量表是为了统计用料而设，也可另页绘制，一般包括钢筋的编号、简图、直径、数量、长度、总长、总重等，并根据需要增加若干项目。

8.3　基础施工图

建筑物地面（±0.000）以下的承重部分称为基础。基础是建筑物与土层直接接触的部分，承受着建筑物所有的上部载荷，并将其传至地基，是建筑物的一个重要组成部分。

基础的形式和大小与上部结构系统、载荷大小及地基的承载力有关，一般有条形基础、独立基础、柱基础、筏形基础和箱形基础等形式，如图 8-7 所示。

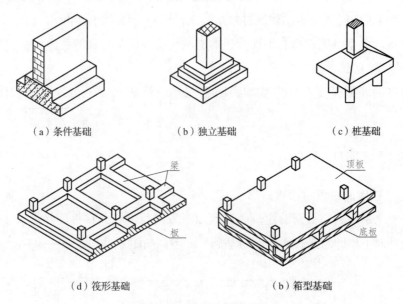

（a）条件基础　　　　（b）独立基础　　　　（c）桩基础

（d）筏形基础　　　　　　　　（b）箱型基础

图 8-7　基础的几种形式

下面以条形基础为例，介绍与基础有关的术语，如图 8-8 所示。

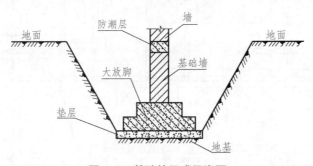

图 8-8　基础的组成示意图

（1）基础。基础是建筑物地面以下的承重构件，承受建筑物上部结构（柱和墙）传来的全部荷载，并把荷载传递给下部的地基，在建筑结构中起着上承下传的作用，是建筑物的一个组成部分。

（2）地基。基础下部的土层受到建筑物的荷载作用后，其原先的应力状态就会发生变化，使土层产生附加应力和变形，并随着深度增加而向四周土中扩散并逐渐减弱，把土层中附加应力和变形所不能忽略的那一部分土层称为地基。可见，建筑物的地基是有一定深度和范围的。

（3）垫层。把基础传递来的荷载均匀地传递给地基的结合层，称为垫层。

（4）基础墙。把条形基础埋入±0.000以下部分的墙体称为基础墙。

（5）大放脚。当采用砖基础墙和砖基础时，把在基础墙和垫层之间做成逐渐放大的阶梯形的砖砌体称为大放脚。

（6）防潮层。为防止地下水因毛细作用上升而腐蚀上部的墙体，常在室内地面以下（±0.000）处设置一层能防水的建筑材料来隔潮，这一层称为防潮层。

（7）基坑。为基础施工而在地面开挖的土坑，坑底就是基础的底面，基坑的边线即是施工时测量放线的灰线。

（8）基础的埋置深度。其指基础底面至室外设计地面（一般指室外地面）的垂直高度。

8.3.1 基础平面图

1. 基础平面图的形成与作用

假想用一个水平剖切平面沿建筑底层地面下方进行剖切，移去剖切平面上面的部分，将下方的构件向下作的水平投影图称为基础平面图，如图 8-9 所示。

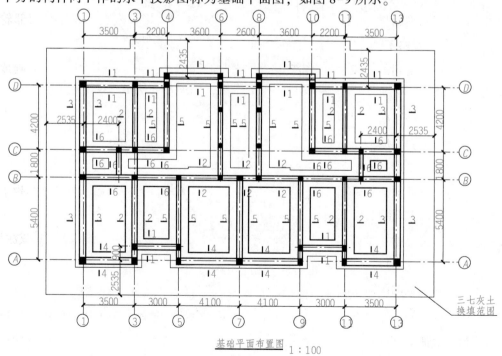

基础平面布置图 1:100

图 8-9　基础平面图

基础平面图主要表达基础墙、垫层、留洞及柱、梁等构件的平面位置、形式及其种类，是基础施工时定位、放线、开挖基坑的依据。

2. 基础平面图的主要内容

（1）图名、比例　基础平面图的比例应与建筑平面图的一致，以便于对照阅读。

（2）纵横向定位轴线及编号、轴线尺寸。

（3）基础墙、柱的平面布置，基础底面形状、大小及其与轴线的关系。

（4）基础梁的位置、代号。

（5）基础编号、基础断面图的剖切位置线及其编号。

（6）施工说明，即所用材料的强度等级、防潮层做法、设计依据以及施工注意事项等。

3. 基础平面图的尺寸标注

（1）基础平面图的尺寸标注分内部尺寸和外部尺寸两部分。外部尺寸只标注定位轴线的间距和总尺寸，内部尺寸应标注各道墙的厚度、柱的断面尺寸和基础底面的宽度等。

（2）平面图中的轴线编号、轴线尺寸均应与建筑平面图相吻合。

4. 基础平面图的剖切符号

凡基础宽度、墙厚、大放脚、基底标高、管沟做法不同时，均以不同的断面图表示，所以，在基础平面图中还应注出各断面图的剖切符号及编号，以便对照查阅。

5. 基础平面图的绘制方法

（1）在基础平面图中，只画出基础墙、柱及基础底面的轮廓线，基础的细部轮廓（如大放脚）可省略不画。

（2）凡被剖切到的基础墙、柱轮廓线，应画成中实线，基础底面的轮廓线应画成细实线。

（3）基础平面图中采用的比例及材料图例与建筑平面图相同。

（4）基础平面图应注出与建筑平面图相一致的定位轴线编号和轴线尺寸。

（5）当基础中设基础梁和地圈梁时，用粗单点长画线表示其中心线的位置。

（6）基础平面图上不可见的构件可采用虚线绘制，例如既表示基础底板又表示板下桩基布置时，桩基应采用虚线。

（7）在基础上的承重墙、柱子（包括构造柱）应用中粗或粗实线表示并填充或涂黑，而在承重墙上留有管洞时，可用虚线画出。

（8）基础底板的配筋应用粗实线画出。

（9）基础平面上的构件和钢筋等应用上述的构件代号和钢筋符号标出。

（10）在基础平面图中，当为平面对称时，可画出对称符号，图中内容可按对称方法简化，但为了放线需要，基础平面一般要求全部画出。

6. 基础平面图的识读

通过识读基础平面图，需弄清楚基础的类型、基础与定位轴线的位置、基础详图的剖切位置和灰土换填范围等。

（1）基础类型。由图中所示的平面图形可知，该基础为条形基础，从剖切断面标注可知，该基础平面图中共有六种不同的条形基础。

（2）墙体宽度。每一个基础最里面的两条粗实线表示基础与上部墙体交接处的宽度，一般与墙体宽度一致。由图可知外墙宽度与内墙宽度不一致，具体尺寸可在基础详图中查找。

（3）轴线位置。轴线位置是基础施工放线的依据。由图 8-9 可以看出，此建筑物轴线有两种类型，一种是内墙轴线位于墙体的中心线上，另一种是外墙轴线轴线偏于内侧。

（4）剖切符号。当基础的形状、尺寸不同时，应分别画出它们的断面图。同时，必须在基础平面图中的相应位置画出剖切位置线，并注写断面编号，如图中 1-1、2-2、3-3、4-4、5-5、6-6。

（5）画出地表层换填范围。本例三七灰土换填范围为，下面换填范围距轴线 2 335 mm，上面换填范围距轴线 2 435 mm，左右两边换填范围均为 2 535 mm。

8.3.2 基础详图

基础平面图一般只表达基础的平面位置，不表达基础的形状、构造、材料和断面形式等内容。因此，为了满足施工需要，应绘制基础详图。

1. 基础详图的形成与作用

在基础的某一处用铅垂剖切平面切开基础所得到的断面图称为基础详图，如图 8-10 所示。基础详图是基础断面图，剖切位置在基础平面图上，具体表示基础的形状、大小、材料和构造做法，是基础施工的重要依据。如基础为钢筋混凝土基础，应重点突出钢筋在混凝土基础中的位置、形状、数量和规格，常用 1∶10、1∶20、1∶50 的比例绘制。

2. 基础详图的编号

同一幢房屋，由于各处有不同的荷载和不同的地基承载力，下面就有不同的基础，对于每一种不同的基础，都要画出它的断面图，并在基础平面图上用 1-1、2-2、3-3 等剖切平面剖切，剖切位置线表明该断面的位置。

3. 基础详图的主要内容

（1）图名、比例。

（2）轴线及其编号。

（3）基础断面形状、大小、材料以及配筋。

（4）基础断面的详细尺寸和室内外地面标高及基础底面的标高。

（5）防潮层的位置和做法。

（6）施工说明等。

4. 基础详图的绘制方法

（1）基础断面形状的细部构造按正投影法绘制。

（2）基础断面除钢筋混凝土材料外，其他材料宜画出材料图例符号。

（3）钢筋混凝土独立基础除画出基础的断面图外，有时还要画出基础的平面图，并在平面图中采用局部剖面表达底板配筋。

（4）基础详图的轮廓线用中实线表示，钢筋符号用粗实线绘制。

5. 基础详图的识读

通过识读基础详图，需了解基础的类型、各处的标高、墙体厚度、钢筋尺寸及配置等内容。下面以识读图 8-10 所示的钢筋混凝土条形基础详图为例，来掌握基础详图的识读方法，具体如下。

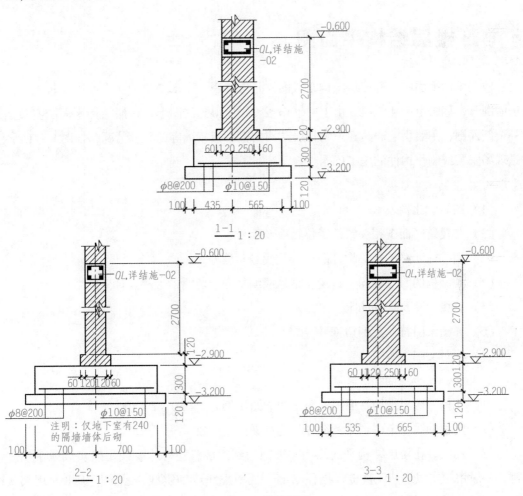

图 8-10　基础详图

（1）由图中断面图形可知，该条形基础包括基础墙、圈梁、基础大放脚和垫层四部分。

（2）由图中尺寸可知，该基础从地坪表面-0.600 m 到-2.900 m 为基础墙，在基础墙中有承重和抗弯的圈梁（QL，详结施-2），1-1 和 3-3 断面的墙体厚为 370 mm，2-2 墙体厚为 240 mm。大放脚的横向尺寸也各不相同，1-1 断面内墙大放脚宽度为 435 mm、外墙大放脚宽度为 565 mm，该处大放脚总宽 1 000 mm；2-2 断面两边一致均为 700 mm，该处大放脚总宽 1 400 mm；3-3 断面内墙大放脚宽度为 535 mm、外墙大放脚宽度为 665 mm，该处大放脚总宽 1 200 mm。大放脚的厚度均为 300 mm。

（3）大放脚底面有 $\Phi10@150$ 的受力筋和 $\Phi8@200$ 的分布筋。基础下面有 120 mm 厚素混凝土垫层。

8.4 楼层结构平面图

楼层结构平面图又称楼层结构布置图，是假想用一个水平的剖切平面沿楼板上表面将房屋剖开，移去上部建筑，并由上向下作正投影所得到的图形。楼层结构平面图实质上是一个剖面图，主要用于表达建筑物楼层结构的梁、板、墙等的布置情况，如图 8-11 所示，是现场安装或制作构件的施工依据。

1. 楼层结构平面图的主要内容

（1）图名、比例。

（2）与建筑平面图相一致的定位轴线及编号。

（3）墙、柱、梁、板等构件的位置及代号和编号。

（4）预制板的跨度方向、数量、型号或编号和预留洞的大小及位置。

（5）轴线尺寸及构件的定位尺寸。

（6）详图索引符号及剖切符号。

（7）注写文字说明等。

2. 楼层结构平面图的图示方法

（1）比例。楼层结构平面图常采用的绘图比例为 1∶50、1∶100 等。

（2）定位轴线。定位轴线及编号与建筑平面图一致。

（3）图线。在楼层结构平面图中，被剖切到的墙、柱等轮廓线用粗实线或中实线绘制，一般用中实线绘制；被楼板挡住的墙、柱用虚线或细实线表示；楼板平面用细实线表示。

（4）柱、梁、板的表达。被剖切到的钢筋混凝土柱的断面涂黑表示，并注写代号和编号；楼板下不可见的梁用虚线表示，并注写代号；板的布置通常用一条对角线（细实线）来表示其位置，并注写代号和编号。楼板有预制和现浇两种。对现浇楼板，一般要在图中反映配筋情况；对预制楼板，则应在楼层平面图中反映板的造型、排列、数量等。

3. 楼层结构平面图的识读

（1）图中被剖到的钢筋混凝土柱的断面用涂黑表示，其代号为 *GZ*；楼板下方不可见墙体用虚线表示；预制空心板用一条对角线标注；局部现浇筑板直接画出钢筋表示。

（2）由图 8-11 中的标注可知，该楼层中共有 6 种规格预制空心板，其标注分别为 3*YKB*35-6-2、1*YKB*36-6-2、3*YKB*36-5-2、6*YKB*35-5-2、6*YKB*30-6-2、6*YKB*41-6-2。例如 3*YKB*35-6-2 表示此处共有 3 块预制空心板，板长 3.3 m，板宽 0.6 m，载荷等级为 2 级。

（3）现浇筑配筋形式和长度如图所示。

（4）由于平面图对称，故右半面图省略没画，用对应的圆圈内加数字表示与左面相同。

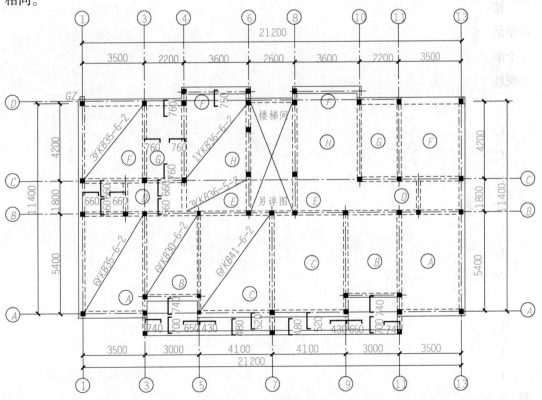

三层楼板平面布置图及配筋图　1:100

图 8-11　楼层结构布置平面图

8.5 平面整体表示法简介

平面整体表示方法，简称"平法"，主要用于绘制现浇钢筋混凝土结构的梁、板、柱、剪力墙等构件；是把结构构件的尺寸和配筋，按照平面整体表示方法的制图规则，整体直接表达在各类构件的结构平面布置图上，再与标准构造详图配合。这种方法简化了设计，改变了传统的那种将构件从结构平面布置图中索引出来，再逐个绘制配筋详图和模板详图的繁琐方法。

1. 柱平面整体表示法

图 8-12 是某楼房从基础顶面至标高 10.150 框架柱的平面布置及配筋图。相同柱具有相同的编号。由图可知，框架柱有 $KZ1$、$KZ2$、$KZ3$ 三种，它们的截面尺寸相同，不同的是各自轴线中的位置不同。分别在同一编号的柱中选择一个截面，以直接注写截面尺寸的配筋具体数值的方法来表达。其中 $KZ2$ 和 $KZ3$ 的截面尺寸为 400×400，配筋为 8Φ20，箍筋在加密区为 Φ8@100，非加密区为 Φ8@200。

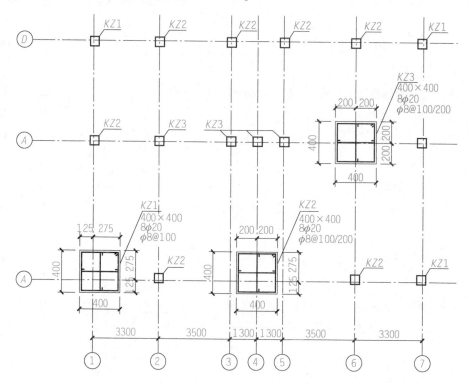

基础-10.150标高柱平面整体配筋图
1：100

图 8-12 柱的平面注写示例

2. 梁平面整体表示法

梁的编号：由梁类型代号、序号、跨数及有无悬挑代号几项组成。如：

*KL*2（3*A*），表示第 2 号框架梁有 3 跨，*A* 表示一端有悬挑。注意，跨数及悬挑符号要写在括号里。

*KL*3（5*B*），表示第 3 号框架梁有 5 跨，*B* 表示两端有悬挑。

平面注写包括集中标注与原位标注，集中标注表达梁的通用数值，原位标注表达梁的特殊数值。当集中标注中的某项数值不适用于梁的某部位时，则将该项数值原位标注，施工时，原位标注取值优先。

图 8-13 是采用平面注写方式表达的楼层梁平面布置图。

位于④轴线上的框架梁上集中标注的四排符号意义如下：

第一排符号 *KL*10（1*A*）250×650，表示代号是 *KL*10 的框架梁为 1 跨，*A* 表示一端有悬挑，断面 250×650。

第二排符号 *Φ*8@100/200（2），表示直径为 8 的Ⅰ级双肢箍筋，沿着梁的长度在加密区间距按 100 布置，非加密区间距按 200 布置。注意，箍筋的肢数要写在括号里。

第三排符号 2*Φ*18、3*Φ*18，表示梁的上部配置 2*Φ*18 的通长筋，梁的下部配置 3*Φ*18 的通长筋。

第四排符号 *N*2*Φ*14，表示梁的两个侧面共配置 2*Φ*14 的受扭纵向筋，每侧各配置 1*Φ*14。

*KL*3 上原位标注的符号意义如下：

在两边支座处标注的 3*Φ*18，表示梁的上部纵筋的配置情况，由集中标注可知，上部已有 2 根 *Φ*18 的通长角筋，在支座处还需要增加 1 根 *Φ*18 的钢筋，其构造长度按图集上取值。

在联系梁 *LL*4 传来的集中载荷处标注的 6*Φ*8（2），表示在次梁两侧共配 6 根直径为 8 的Ⅰ级双肢箍筋（每边各配 3 根）。

①轴线的框架梁上集中标注的四排符号含义如下：

第一排符号 *KL*8（2*A*）250×650，表示代号是 *KL*8 的框架梁为 2 跨，其中一段有悬挑，断面为 250×650。

第二排符号 *Φ*8@100/200（2），表示直径为 8 的Ⅰ级双肢箍筋，沿着梁的长度在加密区间距按 100 布置，非加密区间距按 200 布置。

第三排符号 2*Φ*18，表示梁的上部配置 2 根直径为 18 的Ⅱ级通长筋钢筋。

第四排符号 *N*4*Φ*12，表示梁的两个侧面共配置 4*Φ*12 的受扭纵向钢筋，每侧各配置 2*Φ*12。

在 *A*、*C*、*D* 支座处标注的 2*Φ*18+2*Φ*18 表示梁的上部纵筋的配置情况，第一个 2*Φ*18 表示通常的角筋（同时充当架立筋）为 2 根直径为 18 的Ⅱ级钢筋，第二个 2*Φ*18 表示只在支座处有，其构造长度按图集上取值。

在 4.5 m 跨中标注的 3*Φ*18 250×650，表示梁的下边纵筋为 3 根，直径为 18 的Ⅱ级钢筋，断面为250×650。在连系梁 *LL2* 传来的集中载荷处标注的6Φ8（2），表示在次梁两侧共配6根直径为8的Ⅰ级双肢箍筋（每边共配3根）。

在4.8 m跨中标注的3Φ18　250×650　G2Φ14，表示梁的下部纵筋为3根，直径为18的Ⅱ级钢筋，断面为250×650，梁的两个侧面共配置2根 *Φ*14纵向构造钢筋（每侧各配置1根 *Φ*14的纵向构造钢筋）。

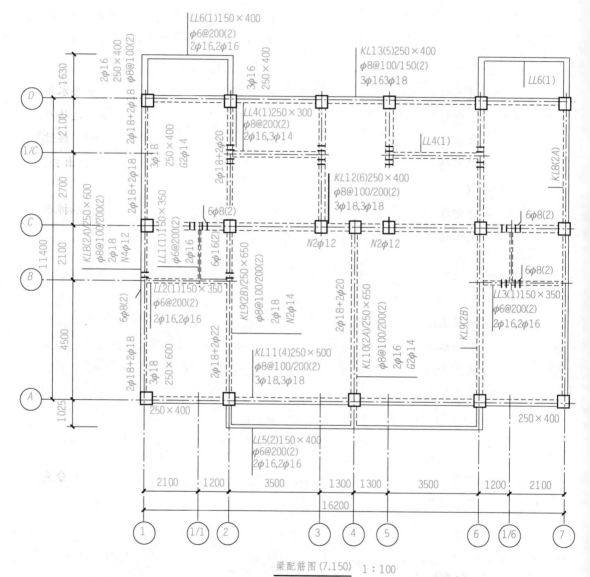

梁配筋图(7.150)　1∶100

图8-13　梁的平面注写示例

挑梁处标注的2Φ16　250×400　Φ8@100（2），表示梁的下部纵筋为2根，直径为16的Ⅱ级钢筋，断面尺寸为250×400，梁的箍筋为Ⅰ级钢筋，直径为8，间距为100，双肢箍筋。

第 9 章　给水排水施工图

本章导读

在房屋建筑工程中，除土建施工图外，还要绘制一些配套的设备施工图，如给水排水、供暖通风、电气与照明设备等。其中，城镇居民的生产、生活和消防用水，是从水源取水，经过水质净化、管道配水、输送等过程最终达到用户的、属于给水工程；经过生活和生产使用后的污水、废水、雨水等，通过管道汇总，再经污水处理后排放出去，则属于排水工程。

本章主要介绍各种管道的表示法、给水排水施工图的相关规定，以及室内给水排水施工图、室外给水排水施工图、管道上的构配件详图等内容。

技能目标

- 掌握管道的表示法和给水排水施工图中的相关规定。
- 了解室内给水排水系统的组成，能够识读室内给水排水施工图。
- 能够识读室外给水排水施工图。
- 能够初步看懂管道上的构配件详图。

思政目标

通过本章学习，培养学生在日常生活中，时刻注意节约用水，通过节能水箱充分发挥废水利用价值，为国家多做贡献。

9.1　给水排水工程图的一般规定

给水排水工程是现代化城市及工矿建设中必要的市政基础工程，给水工程是指水源取水、水质净化、净水输送、配水使用等工程。排水工程是指污水排放、污水处理、处理后的污水最终排入江河湖泊等工程。

给水排水工程图按其内容的不同，大致可以分为：室内给水排水施工图、室外管道及附属设备图、水处理工艺设备图。本章主要介绍室内给排水施工图。其内容包括给排水平面图、给排水系统图、详图。

给水排水施工图除了要遵循《房屋建筑制图统一标准》（GB/T 50001—2019）中的规定外，还应符合《给水排水制图标准》（GB/T 50107—2010）的有关规定。

9.1.1 绘图比例及图样名称

1. 绘图比例

总平面图常用的比例：1∶1 000、1∶500、1∶300。

建筑给水排水平面图常用的比例：1∶200、1∶150、1∶100。

管道系统图宜采用与相应平面图相同的比例。

详图常用的比例：1∶50、1∶30、1∶20、1∶10、1∶5、1∶2、1∶1、2∶1等。

2. 图样名称

每个图样均应在图样下方标注出图名，图名下应绘制一条粗横线，长度应与图名长度相等，绘图比例应注写在图名右侧，比例的字高宜比图名的字高小一号或二号。

9.1.2 图线及其应用

给水排水施工图中对于图线的运用应符合表9-1的规定。

表9-1 给水排水工程图中采用的线型及其含义

名称	线型	线宽	一般用途
粗实线	——————————	b	新设计的各种给水和其他重力流管线
粗虚线	- - - - - - - - - - -	b	新设计的各种排水和其他重力流管线的不可见轮廓线
中粗实线	——————————	$0.7b$	新设计的各种给水和其他压力流管线；原有的各种排水和其他重力流管线
中粗虚线	- - - - - - - - - - -	$0.7b$	新设计的各种给水和其他压力流管线及原有的各种排水和其他重力流管线的不可见轮廓线
中实线	——————————	$0.5b$	给水排水设备、零（附）件的可见轮廓线；原有的各种给水和压力流管线

续表

名称	线型	线宽	一般用途
中虚线	- - - - - - - - - - - - - -	0.5b	给水排水设备、零（附）件的不可见轮廓线；原有的各种给水和压力流管线的不可见轮廓线
细实线	———————————	0.25b	建筑的可见轮廓线；制图中的各种标注线
单点长画线	— · — · — · — · —	0.25b	定位轴线、中心线等
细实线	- · - · - · - · - · -	0.25b	建筑的不可见轮廓线
折断线	—————／\／—————	0.25b	断开界线

9.1.3　标高

给水排水工程图中的标高均以 m 为单位，一般保留小数点后三位。室内工程应标注相对标高，室外工程应标注绝对标高。平面图、系统图的标高方法如图 9-1 所示。

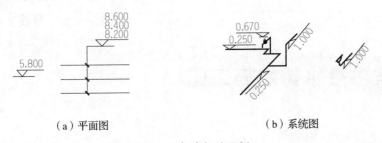

（a）平面图　　　　　　　　　（b）系统图

图 9-1　标高标注示例

9.1.4　图例符号

《给水排水制图标准》（GB/T 50106—2010）国家标准中，规定了给水排水工程图中常用的管道、设备、部件的图例符号，现摘录其中常用的图例于表 9-2 中。

表 9-2　给水排水工程图中的常用图例

名称	图例	备注	名称	图例	备注
生活给水管	—J—		放水龙头		左侧为平面；右侧为系统
污水管	—W—		存水弯		左侧为 S 型；右侧为 P 型
多孔管			地漏		左侧为平面；右侧为系统

续表

名称	图例	备注	名称	图例	备注
弯折管	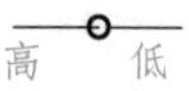 高 低		清扫口		左侧为平面；右侧为系统
管道立管	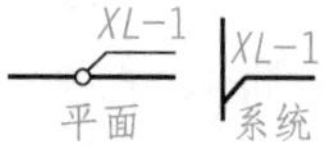 XL-1 平面 XL-1 系统	X：管道类别 L：立管 1：编号	浴盆	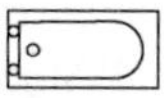	
立管检查口			立式洗脸盆	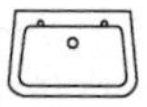	
通气帽	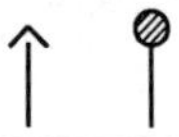		污水池		
闸阀			坐式大便器		
截止阀			沐浴喷头		左侧为平面；右侧为系统
止回阀			消火栓		左侧为平面；右侧为系统

9.2 室内给水排水施工图

9.2.1 给水排水平面图

室内给水排水平面图主要反映一幢建筑物内卫生器具、管道及其附件的类型、大小，在房屋中的位置等情况。通常把给水排水平面图用不同的线型合画在一张图上，当管道布置较复杂时，也可分别画出。对多层建筑，给水排水平面图应分层绘制。如各楼层的卫生设备和管道布置完全相同，可只需画出相同楼层的一个平面图，但在图中必须注明各楼层的层次和标高。

1. 室内给水排水平面图的有关规定和图示方法

（1）在给水排水平面图中，应用细实线抄绘房屋的墙身、柱、门窗洞、楼梯等主要构配件，并标注定位轴线及各楼层的标高尺寸。

（2）给水排水管道包括干管、立管、支管，不论直径大小，也不论管道是否可见，一律按表9-1所规定的图例符号表示。

（3）给水排水平面图中需标注各管段的管径应按图9-2（a）所示标注。多根管道时，管径按图9-2（b）所示标注。

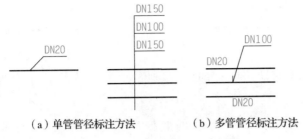

(a) 单管管径标注方法　　　　(b) 多管管径标注方法

图 9-2　管径标注方法

(4) 在给水排水平面图中各种管道要按系统编号，一般给水管以每一引入管为一个系统，污水、废水管以每一个承接排水管的检查井为一个系统。编号的标注形式如图 9-3 (a) 所示。建筑物内穿越楼层的立管，其数量超过一根时，宜进行编号，编号的形式如图 9-3 (b) 所示。图中"*JL*""*WL*""*PL*"为管道类别代号，"*J*"为给水管道、"*W*"为污水管道"*P*"为排水管道；"*L*"表示立管；1 为立管编号。

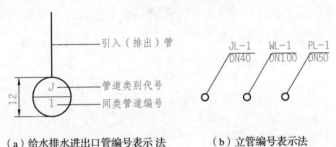

(a) 给水排水进出口管编号表示法　　　　(b) 立管编号表示法

图 9-3　管道编号表示法

(5) 各类卫生设备和器具均按表 9-2 的图例用中粗实线绘制。

2. 给水排水平面图的绘图步骤

(1) 用细实线抄绘建筑平面图。

(2) 用中实线画出卫生器具的平面布置。

(3) 绘制管道系统的平画图，在给排水平面图中，管道采用单线绘制，绘制顺序：给水引入管→给水干管→立管→支管→管道附件（阀门、水龙头、分户水表等）→排水支管→排水立管→排水干管→排出管。

(4) 绘制有关图例，常用的管道、设备、部件的图例符号，见表 9-2。

(5) 标注立管编号、进出口编号、各管段直径、标高尺寸，标注定位轴线及各楼层的标高，注写文字说明。

9.2.2　给水排水系统图

给水排水管道纵横交错，为了清晰地表示其的空间走向、管道与用水设备及附件的连接形式等，采用轴测投影直观地画出给排水系统，称为系统图。

1. 室内给水排水系统的组成

1）室内给水系统。室内给水系统是由给水引入管、室内给水管网及给水附件和设备等组成，如图 9-2 所示。

（1）引入管：指穿越建筑物承重墙或基础的管道，是室外给水管网与室内给水管网之间的联络管段，也称进户管。

（2）水表节点：指装设在引入管上的水表及其前后的闸门、泄水装置等。

（3）配水管网：指室内给水水平管或垂直干管、立管、支管等。

（4）给水附件：指给水管路上的阀门、止回阀及各种配水龙头。

（5）升压和贮水设备：在室外给水管网压力不足或室内对安全供水、水压稳定有要求时，需设置各种附属设备。如水箱、水泵、气压给水装置、水池等升压和贮水设备。

（6）消防给水设备：按照建筑物的防火要求及规范，需要设置消防给水时，配置有消火栓、自动喷水灭火设备等装置。

根据给水干管敷设位置的不同给水管网系统可分为下行上给式。图 9-4（a）所示给水系统，干管敷设在首层地面下或地下室，称为下行上给式给水系统。图 9-4（b）所示给水系统，给水干管敷设在顶层的顶棚上或阁楼中，称为上行下给式给水系统。

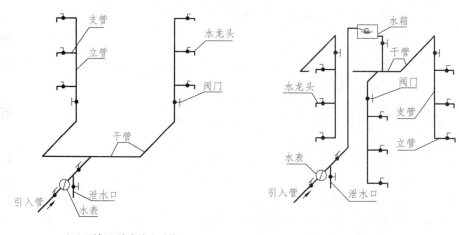

（a）下行上给式给水系统　　　　　（b）上行下给式给水系统

图 9-4　室内给水系统的组成

2）室内排水系统。室内生活排水系统一般由卫生器具、排水管网及稳压和疏通等设备组成，如图 9-5 所示。卫生器具有洗脸盆、洗涤盆、大便器、地漏等。排水管网有设备排出管、排水横支管、排水立管等。稳压和疏通设备包括通气管、检查口、清扫口、检查井等清通设备。

2. 给水排水系统图的表达方法

（1）比例。系统图常采用与平面图相同的比例绘制。当局部管道按正常比例表达不清楚时，可不按比例绘制。

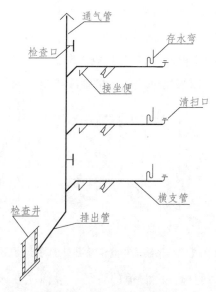

图 9-5　排水系统的组成

（2）采用正面斜等测画图，一般将房屋的高度方向作为 Z 轴，以房屋的横向作为 X 轴，房屋的纵向为 Y 轴。X、Y 轴向尺寸可从给水排水平面图中直接量取，Z 轴向尺寸可根据楼层的标高尺寸、卫生器具及附件的安装高度确定。

（3）给水排水系统图中的管道，都用粗实线表示，阀门、水龙头及用水设备参照图例符号用中粗实线绘制。当各层的管道及其附件的布置相同时，可将其中一层完整画出，其他各层沿支管折断（画出折断符号），并注明"同某层"。

（4）标注每个管道系统图编号，且编号应与底层给水排水平面图中管道进出口的编号一致。

（5）用细实线绘出楼层地面线，并应在楼层地面线左端标注楼层层数和地面标高。不同类别的引入管或排出管穿过建筑物外墙时，应绘出所穿建筑外墙的轴线号，并标注引入管或排出管的编号，如图 9-6 所示。

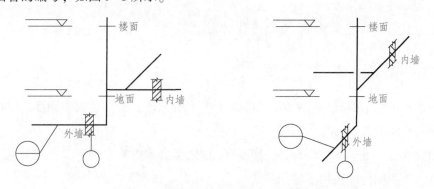

图 9-6　管道与房屋构件位置关系表示方法

（6）当管道在系统图中交叉时，应在鉴别其可见性后，在交叉处将可见的管道画成延续，而将不可见的管道画成断开，如图9-7（a）所示。当在同一系统中管道因互相重叠和交叉而影响该系统清晰时，可将一部分管道平移至空白位置画出，称为移出画法，如图9-7（b）在"a"点处将管道断开，在断开处画上断裂符号，并注明连接处的相应连接编号"a"。如图9-7（c）也可以采用细虚线连接画法绘制。

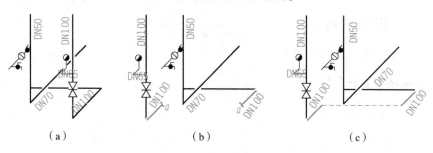

图9-7 系统图中管道重叠处的移出画法

（7）管径、坡度及标高的标注。管道的管径一般标注在该管段旁边，标注空间不够时，可用指引线引出标注。必要时在有坡度的管道旁边标注坡度。管道系统图中一般要注出引入管、横管、阀门、放水龙头、卫生器具的连接支管等的标高及各层楼地面及屋面等标高。

3. 给水排水系统图的绘图步骤

为了便于读图，可把各系统图的立管所穿过的地面画在同一水平线上。

（1）先画各系统的立管。

（2）定出各层的楼地面及屋面。

（3）在给水系统图中，先从立管往管道进口方向转折画出引入管，然后在立管上引出横支管和分支管，从各支管画到放水龙头以及洗脸盆、大便器的冲洗水箱的进水口等；在排水、污水系统图中，先从立管或竖管往管道出口方向转折画出排出管，然后在立管或竖管上画出承接支管、存水弯等。

（4）定出穿墙的位置。

（5）标注公称管径、坡度、标高等数据及有关说明。

9.2.3 室内给水排水工程图的识读

室内给水排水平面图与给水排水系统图是相互补充的，应结合起来阅读，以便读懂管道在平面与空间的布置情况。

现以图9-8、图9-9、图9-10、图9-11住宅楼的室内给水排水工程图为例，说明识读给水排水工程图的方法和步骤。

1. 用水房间、用水设备、卫生器具的平面布置

如图9-8、图9-9所示，该住宅为四层建筑，一梯两户式。每户均有厨房和卫生间两个用水房间，在厨房内有一个洗菜池，卫生间内有洗脸盆、浴盆、座式大便器各一个，此外卫生间内还设有地漏和清扫口等卫生设施。底层厨房、卫生间地面标高为-0.02 m。二、三、四层的厨房、卫生间的地面标高分别为 2.780 m、5.580 m、8.380 m。

2. 给水系统

如图 9-8、图 9-10 所示，两个给水入口 $\frac{J}{1}$ $\frac{J}{2}$ 均在住户厨房北侧外墙相对标高-1.100 m 处引入，管径为分别为 DN100 mm、DN50 mm。

首先分析给水系统 $\frac{J}{1}$，引入管进入室内后在厨房的洗涤池处立起，接有 2 根立管 *JL*-1 和 *XL*-1。立管 *JL*-1 为西边住户给水立管。由图 9-8、图 9-9、图 9-10 可知，各楼层住户均从立管 *JL*-1 接出一水平支管，该支管距楼层地面高度为 1.000 m，管径均为 DN20 mm，水平支管上依次安装有截止阀、水表及洗涤池用配水龙头，支管向南敷设一段距离折向下，在距各楼层地面高度为 0.250 m 处折向西，穿过③轴墙进入卫生间。在卫生间支管分为两个支路，其一向南接洗脸盆供水，管径 DN15 mm；另一根支管向北接浴盆给水口、大便器的水箱供水，管径 DN15 mm。在图 9-11 系统图中，二~四层给水管线采用省略画法，在水平支管处画折断线，用文字说明省略部分与底层相同。

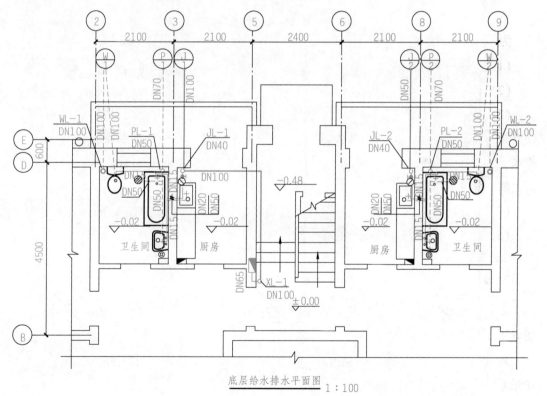

底层给水排水平面图 1:100

图 9-8　底层给水排水平面图

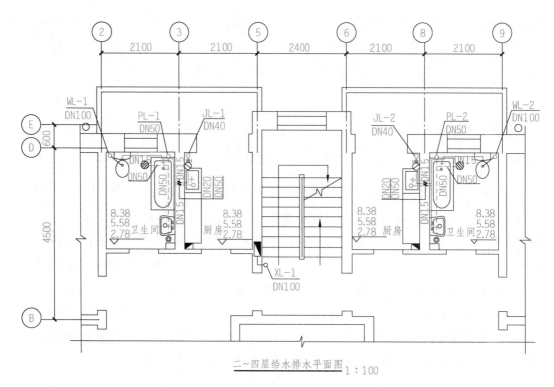

二~四层给水排水平面图 1:100

图 9-9　标准层给水排水平面图

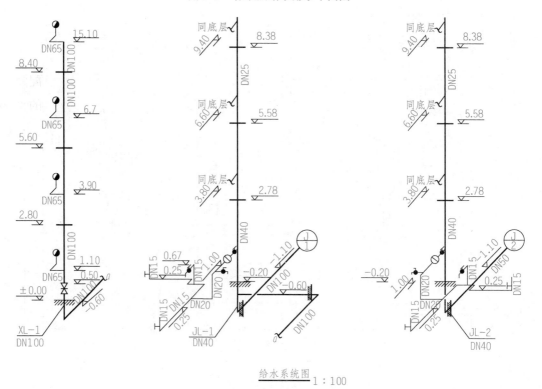

给水系统图 1:100

图 9-10　给水管道系统图

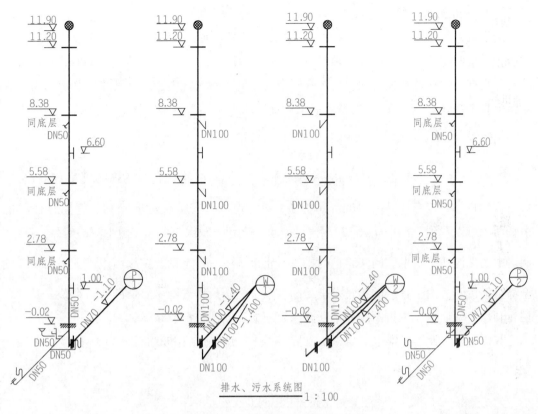

排水、污水系统图
1:100

图 9-11　排水和污水管道系统图

立管 XL-1 为消防立管，由给水系统图可知，$\dfrac{J}{1}$ 在 -0.600 m 标高处向东接出水平消防干管（DN100），对照给水平面图，消防干管穿过⑤轴墙后向南与消防立管连接。在消防立管 0.500 m 处设一蝶阀，供检修时使用。每层室内消火栓栓口到楼面的距离为 1.100 m。给水系统图中，由于消防立管及消火栓与给水立管 JL-1 及其上的配水设备在图面上重叠，使这部分内容不易表达清楚，因而在 "a" 点处将管道断开，把消防立管及消火栓移置到图面左侧空白处绘出。

给水系统 $\dfrac{J}{2}$ 除未接消火栓立管外，其余与 JL-1 左右对称，基本相同，读者自行分析。

3. 排水系统

1）污水系统。首先分析污水系统 $\dfrac{W}{1}$，对照给排水平面图 9-8、图 9-9 和排水系统图 9-11 可知，污水 $\dfrac{W}{1}$ 系统有两根（DN100）排出管，在底层西边住户的卫生间穿墙出户，户外终点标高均为 -1.400 m。其中一根排出管与底层住户大便器相接，单独排出西边底层住户大便器的污水。另一根排出管与管径为 DN100 的污水立管 WL-1 连接，在二～四层给排水平面图的同一位置上都可找到该立管，各楼层住户的大便器的污水，都经过楼板下面的 DN100 污水支管，排入立管 *WL-1*，由该排出管排出室外。

由排水系统图 9-11 可知，污水立管在接了顶层大便器的支管后，作为通气管，向上延伸，穿出四层楼板和屋面板，顶端开口，成为通气管，并在标高为 11.900 m 的立管顶端处，装有镀锌铁丝球通气帽，将污水管中的臭气排到大气中去。为了疏通管道，在污水立管标高 1.000 m、6.600 m 处各装一个检查口。

污水系统 $\frac{W}{2}$ 与 $\frac{W}{1}$ 基本相同，读者自行分析。

2）排水系统。首先分析排水 DN 系统 $\frac{P}{1}$，$\frac{P}{1}$ 在西边底层住户的厨房穿墙出户，排出管的户外终点标高是-1.100 m，管径为 70，其上接有排水立管 *PL-1*，管径为 DN 50。由平面图可以看到，排水立管 *PL-1* 通过排水横支管，顺次与各楼层卫生间的地漏、浴盆、厨房中的洗涤池、卫生间的洗脸盆的排水口相接，$\frac{P}{1}$ 排水系统排除西边四至一层用户的全部生活废水。由于各层的布置完全相同，系统图中只详细画出底层的管道系统，其他各层在画出支管后，就用折断线表示断开，后面的相同部分都省略不画。

如图 9-12 所示，排水立管 *PL-1* 在四层楼面之上结构布置与污水立管 *WL-1* 完全相同。

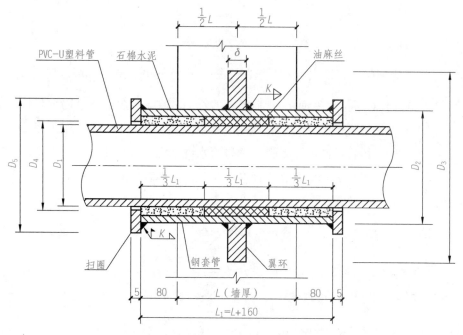

图 9-12　水平管道穿墙防水套管安装详图

排水系统 $\frac{P}{2}$ 与 $\frac{P}{1}$ 基本相同，排除东边四住户的全部生活废水，读者自行分析。

9.3　管道上的构配件详图

在给水排水工程图中，管道平面图和管道系统图只能表示出管道和卫生器具的布置情况，对各种卫生器具的安装和管道的连接，还要绘制出具体施工用的安装详图。

详图的绘图比例宜选用 1：50、1：30、1：20、1：10、1：5、1：2、1：1、2：1 等。安装详图必须按施工安装的需要表达的详尽、具体、明确。

图 9-12 是给水管道墙防水套管安装详图。为了防止地下水在管道穿墙处发生渗漏现象，在管道穿越的外墙处设有略大于给水管管径的钢管，在钢管外焊有防水翼环，与混凝土外墙浇注在一起，在给水管与钢管之间填充防水材料及膨胀水泥砂浆，使管道与墙体严密接触，达到防水目的。因为管道和套管都是回转体，所以采用一个剖视图表示。

图 9-13 是 90°弯管穿墙安装详图。正立面图和平面图均采用全剖面图，剖切位置均通过给水管的轴线。

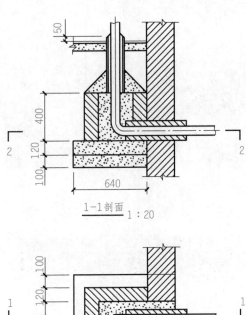

1-1 剖面　1：20

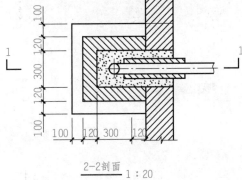

2-2 剖面　1：20

图 9-13　90°管道穿墙防水套管安装详图

第 10 章 采暖施工图

本章导读 >

　　采暖工程图、给水排水工程图以及电气施工图合为设备工程图,是房屋施工图的三大图样之一。房屋建成以后,尤其在北方冬季天气寒冷,室外温度低于室内温度,因而房间里的热量不断传向室外,为使室内保持所需温度,就必须向室内供给适当的热量,这种向室内供给热量的工程,称为采暖工程。采暖工程图可分为室内采暖工程图和室外采暖工程图两大类。本章只介绍室内采暖工程图,其内容包括采暖平面图、采暖系统图和详图等。

技能目标 >

- 熟悉室内采暖系统的组成和采暖工程图的一般规定。
- 掌握采暖系统图和平面图的表达方法。
- 能够识读室内采暖系统图和平面图。
- 了解详图的相关知识。

思政目标 >

　　通过本章学习,培养学生节能减排观念。我国冬季采暖就消耗大量能源,对于我们这样一个发展中国家每节约一度电,每节省一吨煤,使其充分发挥作用。

10.1 采暖工程图的一般规定

10.1.1 室内采暖系统的组成与分类

1. 采暖系统的组成

采暖系统主要由热源、输热管网和散热设备三部分组成。热源是指能产生热能的部分

（如锅炉房、热电站等）。输热管网通过输送某种热媒（如水、蒸汽等媒介物）将热能从热源输送到散热设备。散热器以对流或辐射方式将输热管道输送来的热量传递到室内空气中，一般布置在各个房间的窗台下或沿内墙布置。散热器有明装和暗装（地热）两种，以明装居多。

2. 采暖系统的分类

根据热源与散热器的位置关系，采暖系统可以分为局部采暖系统（农村居家）和集中采暖系统（城市居民、工厂和部门等）两种形式。局部采暖系统是指热源和散热器在同一套房间内，为使室内局部区域或局部工作地点保持一定温度要求而设置的采暖系统（如火炉采暖、煤气采暖、电热采暖等）。集中采暖系统是指热源和散热设备分别设置，利用一个热源产生的热，通过管道向各个房间或各个建筑物供给热量的采暖方式。目前，大中城市常见的是集中采暖方式。

在集中采暖系统中，根据热源被输送到散热设备使用的介质的不同，又分为热水采暖系统、蒸汽采暖系统和热风采暖系统，其中最常采用的是热水采暖系统。

热水采暖系统采用的热媒是水，在热水采暖循环系统中，主要依靠供给热水和回流冷水的容重差所形成的压力使水进行循环的，称为自然循环热水采暖系统；必须依靠水泵使水进行循环的，称为机械循环热水采暖系统。集中采暖系统通常采用机械循环热水采暖系统。

室内采暖系统主要由热源、室内管网、散热设备等组成。图 10-1 是机械循环上行下给双管式热水供暖系统示意图。水在锅炉中被加热，经供热总立管、供热干管、供热立管、供热支管，输送至散热器中散热，使室温升高。散热器中热水释放热量后，经回水支管、回水立管、回水干管、循环水泵再注入锅炉继续加热。热水在系统的循环过程中，从锅炉中吸收热量，在散热器中释放热量，达到供暖之目的。

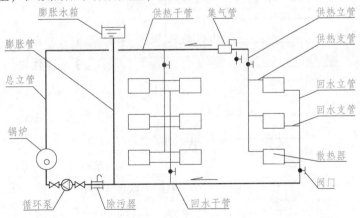

图 10-1 机械循环热水供暖系统示意图

在采暖系统中，供热干管沿水流方向有向上的坡度，并在供热干管的最高点设置集气罐，以便顺利排除系统中的空气；为了防止管道因水被加热体积膨胀而胀裂，在管道系统的最高位置，安装一个开口的膨胀水箱，水箱下面用膨胀管与靠近循环水泵吸入口的回水干管连接。在循环水泵的吸入口前，还安装有除污器，以防止积存在系统中的杂物进入水泵。

10.1.2　绘图比例及图样名称

1. 绘图比例

总平面图常用的比例为：1∶2 000、1∶1 000、1∶500。

平面图常用的比例为：1∶200、1∶150、1∶100、1∶50。

管道系统图宜采用与相应平面图相同的比例。

详图常用的比例为：1∶20、1∶10、1∶5、1∶2、1∶1。

2. 图样名称

每个图样均应在图样下方标注图名，图名下绘制一粗实线，长度应与图名长度相等，绘图比例注写在图名右侧，字高比图名字高小一号或二号。

10.1.3　图线及其应用

采暖工程图中采用的各种线型应符合《暖通空调制图标准》（GB/T 50114—2010）中的规定，见表10-1。

表10-1　采暖施工图常用线型

名　称	线　型	线　宽	一般用途
粗实线		b	主要可见轮廓线
中粗实线		$0.7b$	可见轮廓线、尺寸起止符号斜短线
中实线		$0.5b$	可见轮廓线、变更云线
细实线		$0.25b$	尺寸线、尺寸界线、图例填充线、家具线
粗虚线		b	见各有关专业制图标准
中粗虚线		$0.7b$	不可见轮廓线
中虚线		$0.5b$	不可见轮廓线、图例线
细虚线		$0.25b$	图例填充线、家具线
单点长画线		$0.25b$	中心线、对称线、轴线等
双点长画线		$0.25b$	假想轮廓线、成型前原始轮廓线
折断线		$0.25b$	断开界线

10.1.4 图例符号

《暖通空调制图标准》（GB/T 50114—2010）规定了采暖工程图中常用的设备、部件的图例符号，其中的常用图例见表 10-2。

表 10-2 采暖施工图常用的图例符号

名　称	图　例	名　称	图　例
阀门（通用）、截止阀		坡度及坡向	$i=0.003$ 或 $i=0.003$
止回阀	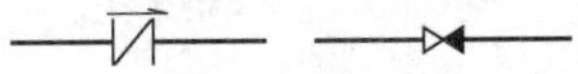	方形补偿器	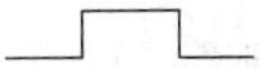
闸阀		套管补偿器	
蝶阀	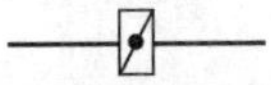	波纹管补偿器	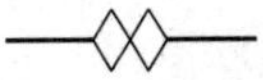
手动调节阀		活接头或法兰连接	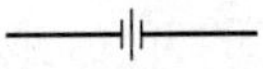
集气罐、排气装置	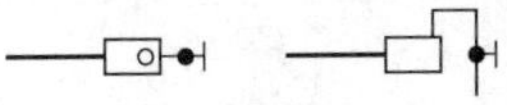	散热器及手动放气阀	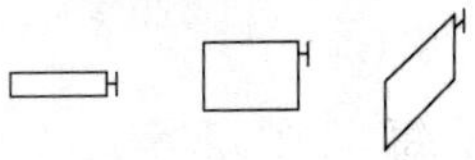
自动排气阀		疏水器	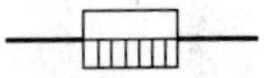
变径管 异径管		水泵	
固定支架	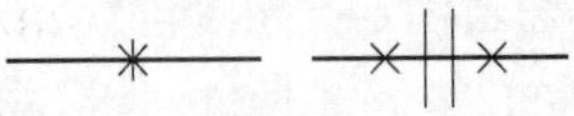	除污器	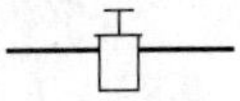

10.2　室内采暖工程施工图

10.2.1　采暖平面图

采暖平面图主要反映供热管道、散热设备及其附件的平面布置情况，以及与建筑物之间的位置关系，是采暖施工图的重要图样。在多层建筑中，若为上供下回的采暖系统，则须分别绘出底层采暖平面图和顶层采暖平面图；对中间楼层，如采暖管道系统的布置及散热器的规格型号相同时，可绘一个楼层即标准层采暖平面图。如各层的建筑结构和管道布置不相同时，应分层表示。

1. 采暖平面图的表示方法

1）平面图的画法。在采暖平面图中，建筑平面图部分用细实线绘制，只需抄绘房屋的墙身、柱、门窗洞、楼梯等主要构配件的轮廓；用中实线绘制散热器、阀门等构配件的图例；用粗实线绘制供水管道，用粗虚线绘制采暖回水管道。在底层平面图中应画出供热引入管和回水管，注明管径、立管编号及散热器片数，并需标明定位轴线间尺寸。

2）采暖管道的画法。绘制采暖平面图时，各种管道无论是否可见，一律按《暖通空调制图标准》（GB/T 50114—2010）中规定的线型画出。

（1）管道转向分支的表示方法如图 10-2 所示。

（a）管道转向的画法　　　　（b）管道分支的画法

图 10-2　管道转向、分支表示方法

（2）管道相交、交叉的表示方法如图 10-3 所示。

（a）管道相交的画法　　　　（b）管道交叉的画法

图 10-3　管道相交、交叉表示方法

3）散热设备的表示与布置。散热器、集气罐、疏水器、补偿器等设备一般用中实线按表 10-2 图例表示。平面图上应画出散热器的位置及与管道的连接情况，管道上的阀门、集气罐、变径接头等设备的安装位置及地沟、管道固定支架的位置。

4）平面图上的标注。平面图上应注明各管段管径、坡度、立管编号、散热器的规格和数量，如图 10-4 所示。坡度宜用单面箭头加数字表示，数字表示坡度的大小，箭头指向低的方向。

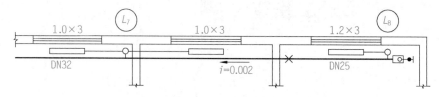

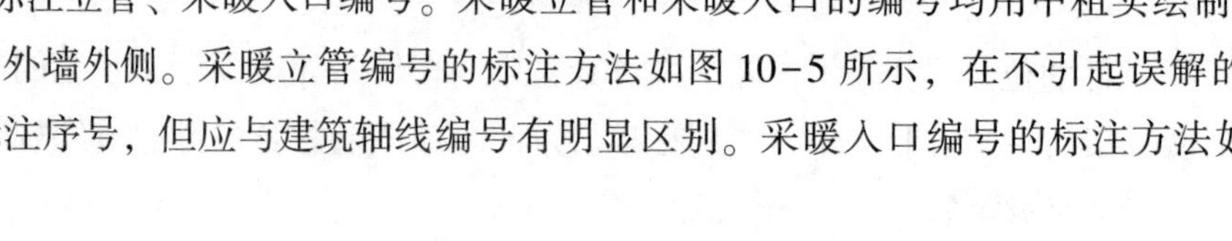

图 10-4　平面图中管径、坡度及散热器的标注方法

5）标注立管、采暖入口编号。采暖立管和采暖入口的编号均用中粗实绘制，应标注在近旁的外墙外侧。采暖立管编号的标注方法如图 10-5 所示，在不引起误解的情况下，也可只标注序号，但应与建筑轴线编号有明显区别。采暖入口编号的标注方法如图 10-6 所示。

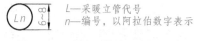
　　　　　　　　　　　　　　　　　　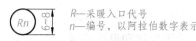

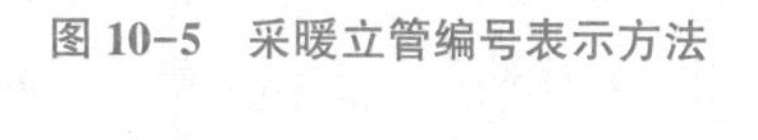

L—采暖立管代号　　　　　　　　　　　　R—采暖入口代号
n—编号，以阿拉伯数字表示　　　　　　　n—编号，以阿拉伯数字表示

图 10-5　采暖立管编号表示方法 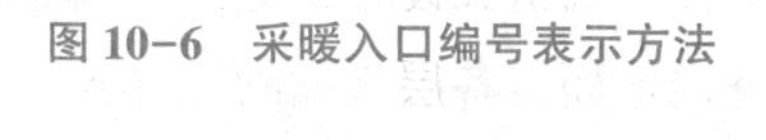　　　　图 10-6　采暖入口编号表示方法

2. 采暖平面图的绘图方法和步骤

（1）用细实线抄绘建筑平面图。

（2）用中实线画出采暖设备的平面布置。

（3）画出由干管、立管、支管组成的管道系统的平面布置。

（4）标注管径、标高、坡度、散热器规格数量、立管编号及建筑图轴线编号、尺寸、有关图例文字说明等。

10.2.2　采暖系统图

采暖系统图是用正面斜轴测投影方法画出的整个采暖系统的立体图。主要表明采暖系统中管道及设备的空间布置与走向。

1. 采暖系统图的表达方法

1）轴向选择与绘图比例。采用正面斜轴测投影时，OX 轴处于水平，OY 轴与水平线夹角成 45°或 30°，OZ 轴竖直放置。三个轴向变形系数均为 1。采暖系统图是依据采暖平面图绘制的，所以系统图一般采用与平面图相同的比例，OX 轴与房屋横向一致，OY 轴作为房屋纵向方向，OZ 轴竖放表达管道高度方向尺寸。

2）管道系统。采暖系统图中管道用单线绘制，当空间交叉的管道在图中相交时，应在相交处将被遮挡的管线断开。当管道过于集中，无法表达清楚时，可将某些管段断开，引出绘制，相应断开处采用相同的小写拉丁字母注明，如图 10-7 所示。具有坡度的水平横管无需按比例画出其坡度，仍以水平线画出，但应注出其坡度或另加说明。

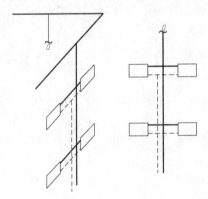

图 10-7　系统图中重叠、密集处的引出画法

3）房屋构件的位置。为了反映管道和房屋的联系，系统图中应画出被管道穿越的墙、地面、楼面的位置，一般用细实线画出地面和楼面，墙面用两条靠近的细实线画出并画上轴测图中的材料图例线，如图 10-8 所示。

4）尺寸标注。管道系统中所有的管段均需标注管径，水平干管均需注出其坡度，系统图中应注明管道和设备的标高、散热器的规格和数量及立管编号；此外，还需注明室外地坪、室内地面、各层楼面的标高等。

管道管径的标注方法如图 10-9 所示，水平管道的管径应注写在管道的上方；斜管道的管径应写在管道的斜上方；竖管道的管径应注于管道的左侧。当无法按上述位置标注管径时，可用引出线将管道管径引至适当位置标注；同一种管径的管道较多时，可不在图上标注，但应在附注中说明。

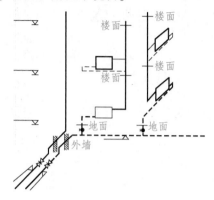

图 10-8　穿越建筑结构的表示方法

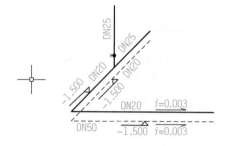

图 10-9　管道管径、标高尺寸的标注方法

2. 采暖系统图的绘图方法和步骤

（1）选择轴测类型，确定轴测轴方向。

（2）按比例画出建筑物楼层地面线。

（3）根据平面图上管道的位置画出水平干管和立管。

（4）根据平面图上散热器安装位置及设计高度画出各层散热器及散热器支管。

（5）按设计位置画出管道系统中的控制阀门、集气罐、补偿器、变径接头、疏水器、固定支架等。

（6）画出管道穿越建筑物构件的位置，特别是供热干管与回水干管穿越外墙和立管穿越楼板的位置。

（7）标注管径、标高、坡度、散热器规格数量及其他有关尺寸以及立管编号等。

10.2.3　室内采暖工程图的阅读

采暖工程图的阅读应把平面图与系统图联系起来对照看图，从平面图主要了解采暖系统水平方向的布置，供热干管的入口、室内的走向，回水干管的走向及出口，立管和散热器的布置，等等。从系统图主要了解管道在高度方向的布置情况，即从热力入口开始，沿水流方向按供热干、立、支管的顺序到散热器，再由散热器开始按回水支、立、干管的顺序到出口。

下面以图 10-10~图 10-12 所示某四层住宅楼的室内采暖工程图为例，说明室内采暖工程图的阅读方法和步骤。

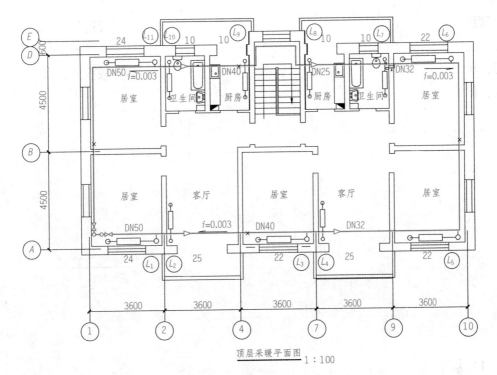

顶层采暖平面图　1:100

图 10-10　顶层采暖平面图

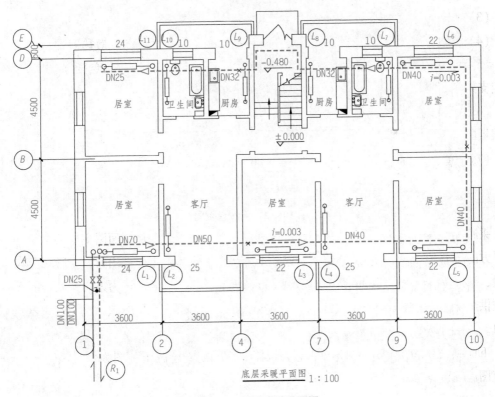

底层采暖平面图　1:100

图 10-11　底层采暖平面图

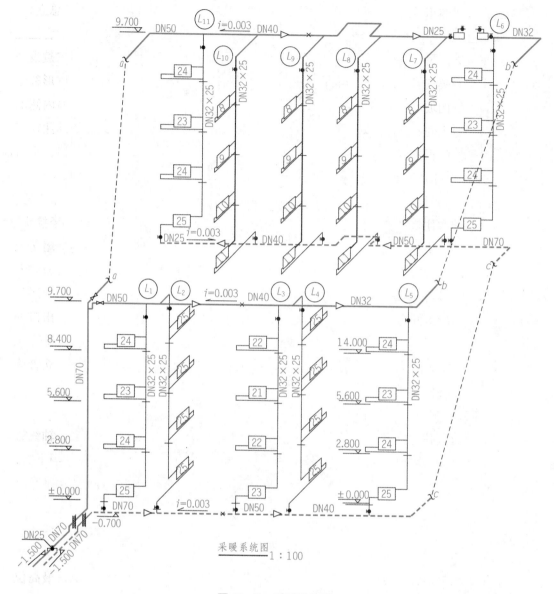

图 10-12　采暖系统图

1. 室内采暖平面图

阅读采暖平面图时，按热入口→供热总立管→供热干管→各立管→回水干管→回水出口的顺序，对照采暖系统图弄清各部分的布置尺寸、构造尺寸及其相互关系。

1）顶层采暖平面图。图 10-10 为某住宅顶层采暖平面图。由图 10-11 底层采暖平面图可知，热力入口设在建筑物西南角靠近 1 轴右侧位置，供、回水干管管径均为 DN100。采暖热入口进入室内，直接与供热总立管相接。总立管从底层穿二、三、四层楼板至顶层，如图 10-10 所示。供热总立管在顶层屋面下分别向东、向南分两个支路沿外墙敷设。第一支路，从供热总立管沿南侧外墙向东敷设至东侧外墙，然后折向北至北侧外墙折向西至⑨轴，在该供热干管的末端配有集气罐，管道具有 $i=0.003$ 的坡度且坡向供热总立管。在该供热干管上设有 2 个变径接头，各管道的管径图中均已注明。此外，该供热干管上配有 2 个固定支架。另一支路从供水总立管沿西侧外墙敷设至北侧外墙，然后折向东敷设至⑨轴。其上配有集气罐、补偿器、变径接头、固定支架等设备，在楼梯间内设有方形补偿器，该供热干管的坡度 $i=0.003$，坡向供热总立管。各居室散热器组均布置在外墙内侧的窗下，厨房、卫生间和客厅内的散热器组沿内墙竖向布置。每组散热器的片数都标注在建筑物外墙外侧。每根立管均标有编号，共有 11 根立管。采暖供热总立管只有 1 根，不需要编号，如图 10-10 所示。

2）底层采暖平面图。图 10-11 为某住宅底层采暖平面图。图中粗虚线表示回水干管，回水干管起始端在住宅的西北角居室内，管径为 DN25，回水干管上设有 4 个变径接头，其中有两个变径接头分别设置在北侧外墙②轴和⑨轴处，另 1 变径接头设在南侧外墙⑦轴和②轴处，回水干管的管径随着流量的变化，沿程逐渐增加，在靠近出口处管径为 DN50；根据坡度标注符号可知，回水干管均有 $i=0.003$ 的坡度且坡向回水干管出口。从图中还可以看出，回水干管上共有 3 个固定支架；在楼梯间内设有方形补偿器，在回水干管出口处装有闸阀。在采暖引入管与回水排出管之间设有为建筑物内采暖系统检修调试用的阀门。

3）标准层采暖平面图。标准层采暖平面图应画出散热器、散热器连接支管、立管等的位置，并标注各楼层散热器的片数，标注方法同底层。本书省略标准层平面图。

2. 采暖系统图

图 10-12 为某住宅的采暖系统图，对照采暖平面图可知，室外引入管由住宅①轴线右侧，标高为 -1.5 m 处穿墙进入室内，然后竖起，穿越二、三层楼板到达四层顶棚下方，其管径为 DN70。经主立管引到四层后，分为两个支路，分流后设有阀门。两分支路起点标高均为 9.700 m，管径 DN50，坡度为 0.003。

由西向东敷设的干管，供水干管始端装一截止阀，以便调节流量。供热干管由西往东→由南向北→由东向西敷设，供热干管管径依次为 DN50、DN40、DN32，其中 DN32 为供热干管末端。供热干管的坡度为 0.003，坡度坡向供热总立管。供热干管的末端且最高位置装一自动排气罐，以排除系统中的空气。在该供水干管上依次连接 6 根立管，管径均为 DN32，与其相接的散热器支管的管径为 DN25。立管上下端均设有截止阀。在立管中，热水依次流经顶层、三层、二层、底层散热器至回水干管。

回水干管始端与立管 L_{11} 相连，依次由东向西→由北向南→由东向西→分布。回水干管自建筑物西北角起，标高为 -0.700 m，在地沟内敷设，坡度 0.003，坡度坡向回水排出管。在回水干管上装有方形补偿器、变径接头、固定支架等设备，在图中均以用图例表明其安装位置，如图 10-12 所示。

由南向北敷设的供热干管上各环路的识读方法与上述相同。

图中注明了散热器的片数、各管段的管径和标高、楼层标高等。

图中建筑物南侧立管 $L_1 \sim L_5$ 与建筑物北侧立管 $L_6 \sim L_{11}$ 部分投影重叠，故采用移出画法，并用虚线连接符号示意连接关系，如图 10-12 所示。

10.3 散热器安装详图

由于平面图和系统图所用绘图比例小，管道及设备等均用图例表示，其构造及安装情况都不能表达清楚，因此需要放大比例画出构造安装详图。详图比例一般用 1∶20、1∶10、1∶5、1∶2、1∶1 等。

图 10-13 是铸铁柱式散热器的安装详图，绘图比例 1∶10。由图中可以看出，散热器明装，散热器距墙面定位尺寸 130 mm，上下表面距窗台及楼板表面分别为 35 mm 和 100 mm。散热器上方采用卡子固定，下方采用托钩支撑。墙体预留孔槽尺寸深为 170 mm，厚为 70 mm，安装散热器时采用细石混凝土填实。

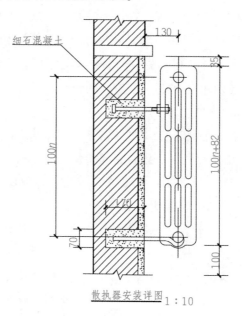

图 10-13　散热器安装详图

第 11 章 道路、桥梁工程图

本章导读 >

　　道路和桥梁是供各种车辆和行人通行的工程设施，桥梁、涵洞、隧道是道路工程中跨河越谷、穿山越岭的工程构筑物。本章主要介绍道路工程图、桥梁工程图、涵洞工程图、隧道工程图四个部分。

技能目标 >

- 熟悉道路路线平面图、纵断面图和横断面图的图示特点及基本内容。
- 了解桥梁的组成及分类，熟悉钢筋混凝土桥梁工程图的表达方法。
- 了解涵洞的组成及分类，熟悉涵洞工程图的表达方法。

思政目标 >

　　筑路建桥使我们国家交通更加通常发达，如果有那么一天我们驾车行驶在我们自己修建高诉公路上，去游览祖国的大好河山是一件多么惬意的事情，同学们热爱我们的专业吧！

11.1　道路工程图

　　道路是供车辆形式和行人步行的带状结构物。道路根据它们不同的组成和功能特点，可分为公路和城市道路两种。连接城市、乡村的道路称为公路；位于城市以内的道路称为城市道路。道路工程图主要表示路线的空间位置、桥、涵的位置，以及沿线的地形、地物和地质情况等。这些内容分别标明于路线平面图、路线纵断面图和路线横断面图中。下面以公路路线为例说明道路工程图的图示内容和表达方法。

11.1.1　路线平面图

　　公路的基本组成部分包括：路基、路面、排水、桥梁、涵洞、隧道、路线交叉、交通工程及沿线设施等构筑。公路路线平面图是在地形图上所绘制的沿路线及路线两侧一定范围内的水平投影图，主要用于表达路线的走向和平面线型（直线和左、右弯道），沿线路两侧一定范围内的地形（如山丘、平地、河流等）、地物（如村镇、房屋、耕地、果园等）情况。

1. 路线平面图的图示特点

1）绘图比例小。为了使图样表达清晰合理，不同的地形采用不同的比例。一般在山岭重丘区采用 1∶1 000~1∶2 000，在平原微丘陵区采用 1∶2 000~1∶5 000，城市道路平面图采用 1∶500~1∶1 000。此时，路线的宽度不按实际尺寸绘制，只用加粗粗实线（1.4~2.0b）画出路线中心线，以此来表示路线的平面线型。

2）道路路线的长度尺寸大。

3）分段绘图。由于路线狭长，需将整条路线分段绘制在若干图纸上，使用时再拼接起来。分段时应取在直路段整数桩号处，每张图纸上只允许画一线路段，断开的两端用细实线画出垂直于路线的接图线。

4）地物统一用图例表示。常用的图例如表 11-1。

表 11-1　路线平面图中的常用图例

名称	符号	名称	符号	名称	符号	名称	符号
路线中心线	 —·—·—	房屋	 ▨	涵洞	 >—<	水稻田	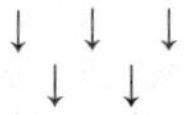 ↓ ↓ ↓
水准点	 ◉BM编号/高程	大车路	 — — —	桥梁	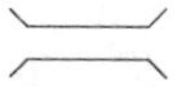 ⟩—⟨	草地	 ‖ ‖
导线点	 ⊡ 编号/高程	小路	 - - - -	菜地	 ⅄ ⅄ ⅄	经济林	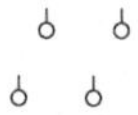 ⚬ ⚬ ⚬
转角点	 JD编号 ∧	堤坝	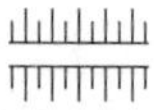 ⩕⩕⩕⩕	旱田	 ⊥⊥ ⊥⊥	用材林	 ○ ○ ○ 松
通讯线	 •–•–•–	河流	 〰	沙滩	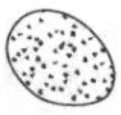 ⬭	人工开挖	 ⬭

2. 路线平面图的基本内容

图 11-1 所示为 $K21+600$ 至 $K22+100$ 路段的路线平面图，其内容包括下述两部分。

1）地形部分。

路线平面图中的地形部分是路线布线设计的客观依据，它必须反映下述三点内容：

（1）比例。本图样采用 1∶2 000，处于丘陵区。

（2）方向。为了表示道路所在地区的方位和路线的走向，也为拼接图纸时提供核对依据，路线平面图上应画出指北针（风玫瑰）或测量坐标网。

由图 11-1 中的指北针可知该路线为东北、西南走向，起点位于东北端，沙坪小学附近。图中符号"$\frac{X34700}{Y37700}$"表示两垂直线的交点距坐标网原点之北 34 700 m，之东 37

700 m（X 表示南北向，Y 表示东西向）。

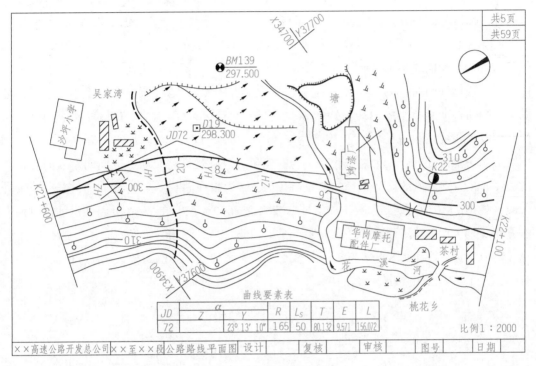

图 11-1　公路路线平面图

（3）地形、地物。地形的起伏变化情况用等高线来表示。相邻两条等高线之间的高差为 2 m，每隔四条较细的等高线就应有一条较粗的等高线，称为计曲线，并标注字头朝向上坡方向的高程数值。图 11-1 中地形等高线高差为 2 m，可判断出该地区地形为丘陵区，沿线西北和东南方向各有一座小山丘，东北方和西南方地势较平坦，有一条花溪河从西南流向东北，且在桩号 $K21+900$ 处有一座桥。

图 11-1 中还画出了沿线经过的村庄、工厂、学校、小路、水塘的平面位置；西北面和东南面的两座小山丘上种有果树，靠山脚处有旱地；西南面有一条大路和小桥连接茶村和桃花乡，河边有些菜地；东偏北有大片稻田。

2）路线部分。

（1）路线的走向。用加粗粗实线表示新设计的路线。从图 11-1 的路线平面图中可以看出，路线从北端 $K21+600$ m 山坡上开始，向南延伸，在 $JD72$ 处右转，穿过涵洞，向南偏西通过桥梁过花溪河，最后通过一座桥梁来到茶村至 $K22+100$ m 止。

（2）里程桩号。路线的长度用里程桩号表示，形式为 K×+×××，并规定从左至右为路线的前进方向。里程桩分公里桩和百米桩两种，公里桩宜标注在路线前进方向的左侧，用符号"⏺"表示，公里数注写在符号的上方，字头朝向路的垂直方向，如"K20"表示离起点 20 km；百米桩宜标注在路线前进方向的右侧，用垂直路线的细短线"I"表示，百米数值"1"至"9"注写在短线的端部且字头朝上。从图 11-1 中看出，该路线的左端起点处里程桩号为 K21+600 m，道路共长 500 m，在 K22 km 处设有一公里桩，公里桩之间设有 K21+700、K21+800、K21+900 等百米桩。

（3）平曲线。为了行车安全、平顺，在道路的转弯处，需用一定半径的圆弧连接，路线转弯处的平面曲线称为平曲线，用交角点编号"JDx"表示第几处转弯。当平曲线为圆曲线时，需标注圆曲线的起点 ZY（直圆）、QZ（曲中）和 YZ（圆直）三个主点桩号，如图 11-2（a）所示；当平曲线设置缓和曲线时，则有 ZH（直缓）、HY（缓圆）、QZ（曲中）、YH（圆缓）和 HZ（缓直）五个主点桩号，如图 11-2（b）所示。除此之外，控制曲线形态的要素还有：α_z 为左偏角，α_y 为右偏角，分别是沿路线前进方向向左或向右偏转的角度；R 为圆曲线的设计半径；T 为切线长；L 为曲线总长；L_s 为缓和曲线长；E 为外矢距，如图 11-2 所示。图 11-1 曲线要素表中的 JD72，表明在 JD72 处路线沿前进方向向右偏转 23°13′10″，转折处的圆弧曲线半径 R = 165 m，切线长 T = 80.132 m，圆弧的总长 L = 156.072 m，缓和曲线长 L_s = 50 m，从交点到圆弧曲线中点的距离 E = 9.571 m，图中还分别标注了 ZH、HY、YH、HZ 的位置。

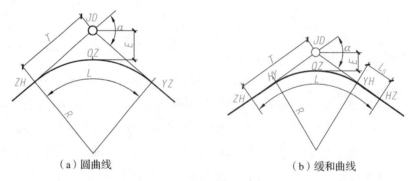

（a）圆曲线　　　　　　　　　　　　　（b）缓和曲线

图 11-2　平曲线要素

（4）水准点与导线点　为满足设计和施工的需要，沿路线每隔一定距离设有水准点。图 11-1 中的 $\bigotimes\frac{BM139}{297.500}$ 表示第 39 号道路水准点，高程为 297.500 m，BM 是英语 Bench Mark 的缩写；图中 $\square\frac{D19}{298.300}$ 表示第 19 号控制导线测量的导线点，其高程为 298.300 m。

3. 路线平面图的绘制方法和步骤

（1）先画地形图。等高线按先粗后细的顺序徒手画出，线条流畅，计曲线宽度宜用 0.5 b，细等高线线宽为 0.25 b。

（2）后画路线中心线。路线中心线用圆规和直尺按先曲后直的顺序从左至右绘制，其线宽为 1.4~2.0 b，原有道路线则用细实线绘制。

（3）平面图中的图例。在平面图中应用细实线朝上或朝北绘制各种图例，如房屋、涵洞、池塘、各种植被（稻田、经济作物）等。

（4）路线的分段。路线平面图按从左至右的顺序绘制，桩号按左小右大编排。

（5）角标和图标。在每张图纸的右上角应用线宽 0.25 mm 的细实线绘出角标，注明图纸的总张数，本张图纸的序号以及路段起止桩号。在最后一张图纸的右下角应绘制图标，图标外框线的线宽宜为 0.7 mm，图标内分格线的线宽宜为 0.25 mm。

11.1.2　路线纵断面图

路线纵断面图是用假想的铅垂面（平面与曲面的组合面）沿道路中心线进行剖切，展平（拉直）后投影获得的图形，其作用是用于表达路线中心处的地面起伏状况、地质情况、路线纵向设计坡度、竖曲线以及沿线桥涵等构筑物的概况。下面以图 11-3 为例说明公路路线纵断面图的读图要点及画法。

1. 路线纵断面图的图示特点

路线纵断面图包括高程标尺、图样和资料表（测设数据）三部分内容。一般图样应布置在图幅上部，资料以表格形式布置在图幅下部，高程标尺布置在资料表的上方左侧。水平横向表示路线的里程，铅垂纵向表示地面线及设计线的标高，为清晰地显示出地面线的起伏和设计线的纵向坡度的变化情况，一般采用纵向比例为横向比例的 10 倍画出。

2. 路线纵断面图的基本内容

1）图样部分。

（1）比例。山岭地区：横向 1∶2 000，纵向 1∶200；平原地区：横向 1∶5 000，纵向 1∶500。纵横比例标注在图样部分左侧的竖向标尺处。图 11-3 中横向比例为 1∶2 000，纵向为 1∶200。

（2）地面线。根据水准测量结果，将地面一系列中心桩的高程，按纵向比例逐点绘在水平方向相应的里程桩号上，用细实线依次将各点连接成不规则折线，即为路线中心线的地面线。

（3）设计线。为保证一定车速的汽车安全、流畅地通过，地面纵坡要有一定的平顺性，因此应按道路等级，根据公路工程技术标准进行设计。图 11-3 中直线与曲线相间的粗实线，即为设计坡度线，简称设计线，应采用粗实线绘制。比较设计线与地面线的相对位置，可决定填、挖地段和填、挖高度。

（4）竖曲线。设计纵坡变更处称变坡点，用直径为 2mm 的中粗线圆圈表示。当相邻两纵坡之差的绝对值超过规定数值时，需设圆弧竖曲线。竖曲线在变坡点处的切线，应采用细虚线绘制。竖曲线分凸形（⊓）和凹形（⊔）两种，该符号用细实线绘制在设计线上方，水平细线长等于竖曲线长，上方标注曲线半径 R，切线长 T，外距 E 的数值；中间竖直细线长 20 mm，应对准变坡点所在桩号，线左侧标注变坡点桩号，右侧标注边坡点高程；两端竖细线长 3 mm，应分别对准竖曲线的始、终点。如图 11-3 所示，在桩号 $K22+12.00$ 处的变坡点设有凸形竖曲线，其中半径为 3 000 m，切点到变坡点处的切线水平投影长度为 40.34 m，变坡点的设计高程是同桩号处道路设计高程 300.24+外距 0.27＝300.51 m。

（5）桥涵构筑物。道路沿线的构筑物、交叉口，可在设计线上方，对准构筑物或交叉口的中心位置，用细竖直引出线标注，线的左侧标注中心桩号，线右侧或水平线上方标注构筑物的名称、规格等，其中符号"Π"和"○"分别表示桥梁和涵洞。图 11-3 中为了方便道路两侧的排水，在 $K21+680.74$、$K21+820.00$、$K21+960.48$ 处均设置了钢筋混凝土盖板涵。在 $K21+915.28$ 处设置了一座单孔跨度为 25 m 的钢筋混凝土 T 形梁桥。

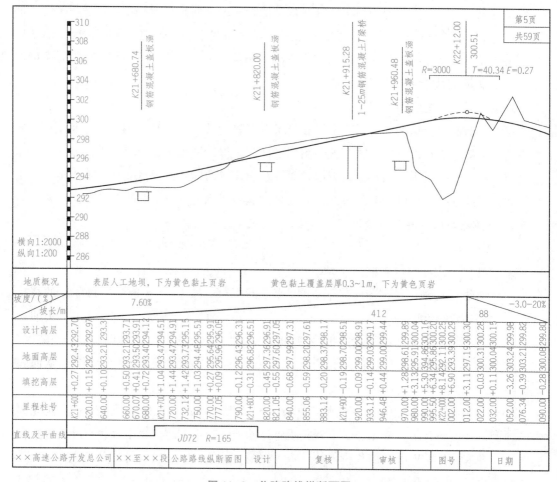

图 11-3　公路路线纵断面图

2）资料表部分。为了便于对照阅读，资料表与图样应上下对正布置，不能错位。资料表的内容可根据不同设计阶段和不同道路等级的要求而增减，通常包括下述内容：

（1）地质概况。在该栏中标出沿线各路段的地质情况，为设计施工提供简要的地质资料。如图 11-3 资料表"地质概况"栏的第一分格中注有"表层人工地坝，下为黄色黏土页岩"表示从 $K21+600$ 至 $K21+790$ 这一段道路下的土质情况。

（2）坡度/距离。其是指设计线的纵向坡度及其水平投影长度。该栏中每一分格表示一种坡度，对角线表示坡度的方向，先低后高为上坡，先高后低为下坡。对角线上方的数值为坡度数值，正值为上坡，负值为下坡。对角线下边的数值为该坡路段的长度（即距离），单位是 m。若为平坡时，应在该分格中间画一条水平线。注意各分格竖线应与各变坡点的桩号对齐。如图 11-3 资料表 "坡度/坡长" 栏的第一分格中注有 "7.60%/412" 表示顺路线前进方向是上坡，坡度为 7.60%，坡长为 412 m，从桩号可看出它是在 $K21+600$ 至 $K22+012$ 这一路线上。第二分格的 "-3.20%/88" 表示过 $K22+012$ 后路线改为下坡，坡度为 3.20%，坡长为 88 m。$K22+012$ 处是变坡点，需设竖曲线来连接两段纵坡。

（3）设计高程。在该栏中对正各桩号将其设计高程标出，单位是 m。

（4）地面高程。在该栏中对正各地面中心桩号将其高程标出，单位是 m。

（5）挖深与填高。在该栏中对正各填（挖）方路段的桩号，将设计高程与地面高程两者之差值标出，"+" 表示填土，"-" 表示挖土。如图 11-3 资料表 "填挖高度" 栏中 $K21+600$ 处填高 = 292.70-292.43 = 0.27 m。

（6）里程桩号。按测量所得的数据，一一将各点的桩号数值填入该栏中，单位是 m。桩号就是各桩点在路线上的里程数值，各个桩的里程就是各个桩的桩号。对于平、竖曲线的各特征点、水准点、桥涵中心点以及地形突变点等，还需增设桩号。

（7）平曲线。该栏是路线平面图的简化示意图，表示该路段的平面线型。直线段用水平细实线表示，曲线用上凸（表示向右转弯）或下凹（表示向左转弯）的细折线表示。如图 11-3 资料表 "直线及平曲线" 栏所示，表示第 72 号交角点沿路线前进方向向右转弯，曲线半径为 165 m。

3. 路线纵断面图的绘制方法和步骤

（1）绘制表格，填写有关的测量资料。首先按横向比例从左至右依次填写各里程桩号及对应的地面高程、直线和曲线资料。

（2）画地面线。将表格中各桩号对应的地面高程按纵向比例画在图纸上，然后用直尺连接各点即得地面线。

（3）画设计线。将表格中各桩号对应的道路设计高程按纵向比例画在图纸上，然后按先曲后直的顺序依次光滑连接各点即得设计线。

（4）标注水准点、涵洞、桥梁等的位置及相应要素。

（5）标注图标或角标。路线纵断面图的图标应绘制在最后一张图或每张图的右下角，并注明路线名称、纵横比例等。在每张图的右上角应绘有角标，注明图纸序号、总张数及起止桩号。

11.1.3　路基横断面图

路基横断面图是假设用一垂直于路线中心线的铅垂剖切面进行横向剖切所得到的断面

图,如图11-4所示。路基横断面图主要表达路线沿线各中心桩处的横向地面起伏状况和路基横断面形状、路基宽度、填挖高度、填挖面积等。工程上要求每一中心桩处,根据测量资料和道路设计要求,沿线路前进方向依次画出每一个路基横断面图,作为计算路基土石方工程量和路基施工的依据。

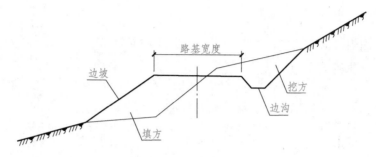

图 11-4 路基横断面图

1. 路基横断面图的形式

如图11-5所示,根据设计线与地面线的相对位置的不同,路基横断面图有以下三种形式:

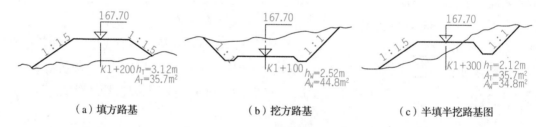

（a）填方路基   （b）挖方路基   （c）半填半挖路基图

图 11-5 路基横断面图的形式及标注

（1）填方路基。又称路堤,设计线全部在地面线以上,如图11-5（a）所示。在图的下方标注该断面图的里程桩号、中心线处的填方高度 h_T（m）、填方面积 A_T（m^2）、路基中心高程及路基边坡坡度。

（2）挖方路基。又称路堑,设计线全部在地面线以下,如图11-5（b）所示。在图的下方标注该断面图的里程桩号、中心挖高 h_W（m）、挖方面积 A_W（m^2）、路基中心高程及边坡坡度。

（3）半填半挖路基。设计线一部分在地面线以上,一部分在地面线以下,如图11-5（c）所示。图中注有该断面的桩号、中心处填高 h_T（m）或挖高 h_W（m）、填方面积 A_T（m^2）和挖方面积 A_W（m^2）以及路基中心标高和边坡坡度。

2. 路基横断面图的绘制方法和步骤

（1）路基横断面图常绘制在透明方格纸的背面,这样既便于计算断面的挖填方面积,又便于施工放样。

（2）路基横断面图的布置顺序:按桩号从下至上、从左至右画出。

（3）路基横断面图的纵横方向采用同一比例，一般为 1∶200，也可用 1∶100 和 1∶50。要求路面线（包括路肩线）、边坡线、护坡线等均采用粗实线绘制；原有地面线应采用细实线绘制，设计或原有道路中心线应采用细点画线绘制。

11.1.4　城市道路横断面图

在城市范围内，沿街两侧建筑红线之间的空间范围为城市道路用地。城市道路主要包括：机动车道、非机动车道、人行道、分隔带（在高速公路上也设有分隔带）、绿化带、交叉口、交通广场、架空高速道路、地下道路等。城市道路的图示方法与公路路线工程图基本相同，也是通过横断面图、平面图和纵断面图表达的。但是城市道路所处的地形一般比较平坦，并且城市道路的设计是在城市规划与交通规划的基础上实施的，交通性质和组成部分比公路复杂得多，因此在横断面图上城市道路比公路复杂得多。

1. 城市道路基本形式

城市道路的横断面由车行道、人行道、绿化带和分离带等几部分组成，如图 11-6 所示。根据机动车道和非机动车道不同的布置形式，道路横断面有以下四种基本形式：

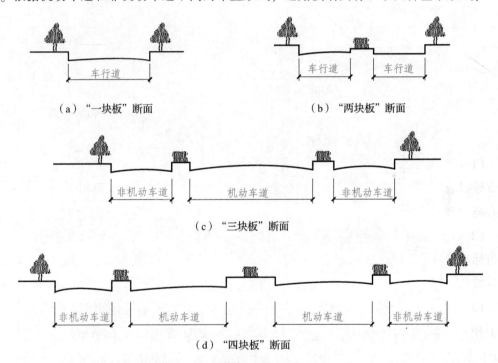

（a）"一块板"断面　　　　　（b）"两块板"断面

（c）"三块板"断面

（d）"四块板"断面

图 11-6　城市道路横断面图的基本形式

（1）"一块板"断面。把所有车辆都组织在同一车道上"混合行使"，但规定机动车在中间，非机动车在两侧，如图 11-6（a）所示。

（2）"两块板"断面。用一条分隔带或分隔墩从道路中间分开，使往返交通分离，但同向交通仍在一起混合行使，如图 11-6（b）所示。

（3）"三块板"断面。用两条分隔带或分隔墩把车行道分隔成三块，实现机动车与非机动车交通分离：中间为双向行驶的机动车道，两侧为方向彼此相反、单向行驶的非机动车道，如图 11-6（c）所示。

（4）"四块板"断面。在"三块板"断面的基础上增设一条中央分隔带，使机动车分向行使，如图 11-6（d）所示。

2. 城市道路横断面图

图 11-7 某城市道路的横断面图，现说明如下：

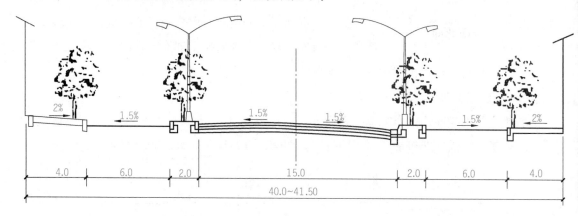

城市道路标准横断面图

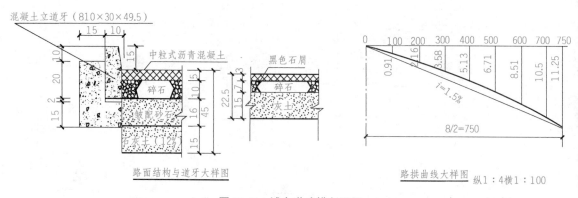

路面结构与道牙大样图

路拱曲线大样图
纵 1 : 4 横 1 : 100

图 11-7 城市道路横断面图

（1）如图 11-7 所示，由城市道路标准横断面可知，横断面为"三块板"断面，中间双向行驶机动车车行道宽 15 m，向两侧各 2 m 设置绿化隔离带。两侧的单向非机动车车行道各宽 6 m。两侧还设置了人行道，人行道宽 4 m，路面总宽 40.0～41.50 m。

（2）将中间双向行驶的机动车道利用路面结构层做成路拱，由中心向两侧排水，排水坡度为 1.5%，路拱曲线各点（100 cm、200 cm、…）的坐标画于路拱曲线大样图中。

（3）两侧人行道设置在毗邻沿街建筑处，且高度比非机动车道高出 0.15 m，利于分隔行人和车辆。

（4）路面结构。机动车道分四层，总厚 0.45 m；非机动车道分三层，总厚 0.225 m，各层的配料名称机厚度见路面结构与道牙大样图（图中道牙又称"路缘石"）。

11.2 桥梁工程图

桥梁是人类借以跨越江河、湖海、山谷等障碍的工程构筑物。桥梁由上部结构（主梁或主拱圈和桥面系等）、下部结构（基础、桥墩和桥台）、附属结构（护栏、灯柱、锥体护坡、护岸等）三部分组成，如图 11-8 所示。

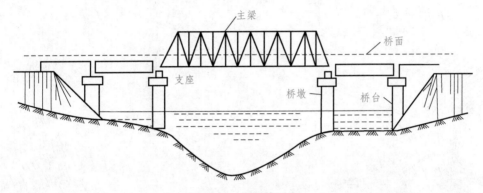

图 11-8 桥梁的组成

桥梁按结构形式可分为梁桥、拱桥、刚架桥、斜拉桥、悬索桥等；按建筑材料可分为钢桥、钢筋混凝土桥、石桥、木桥等；按桥梁全长和跨径大小分为特大桥（多孔跨径总长 $L>1\,000$ m，单孔跨径 $L_0>150$ m）、大桥（100 m$\leq L\leq$1 000 m，40 m$\leq L_0\leq$150 m）、中桥（30 m$<L<$100 m，20 m$\leq L_0<$40 m）、小桥（8 m$\leq L\leq$30 m，5 m$\leq L_0<$20 m）。

桥梁工程图是桥梁施工的主要依据，它是运用正投影理论和方法并结合桥梁专业图的图示特点绘制的，它主要包括桥位平面图、桥位地质断面图、桥梁总体布置图、构件结构图等。

11.2.1 桥位平面图

桥位平面图是桥梁及沿桥两侧在一定范围内所的水平投影图，主要用来表明新建桥梁的平面位置，与路线的连接关系，桥位中心里程桩、水准点、工程钻孔以及桥梁附近的地形、地物（如房屋、老桥）等，作为桥梁设计和施工定位的依据，其画法与道路平面图相同。绘制桥位平面图时，一般常采用的比例为 1∶500、1∶1 000、1∶2 000 等。

如图 11-9 所示的桥位平面图，图中用粗实线表示出路线的平面形状，道路在跨越清水河时修建一座桥梁。桥梁大约在路线 $K0+700.00$ 至 $K0+800.00$ 之间的直线段，桥梁中心部位的里程桩号为 $K0+738.00$，方向自西向东偏北延伸。桥的西岸越过河堤，东岸连着一片果园。桥梁设置有 3 个钻孔，2 个水准点 BM1 和 BM2，其高程分别为 5.10 m 和 8.25 m。道路桥梁附近的地形用等高线表示，西南方有一座海拔约 29 m 的小山丘，东面有一座海拔约 25 m 的小山丘。地物用图例表示，图中有房屋、原有木桥、小路、水塘以及草地和果树等植被。要求桥位平面图中的植被、水准符号等均应按照正北方向为准，图中文字方向则可按路线要求及总图标方向来决定。

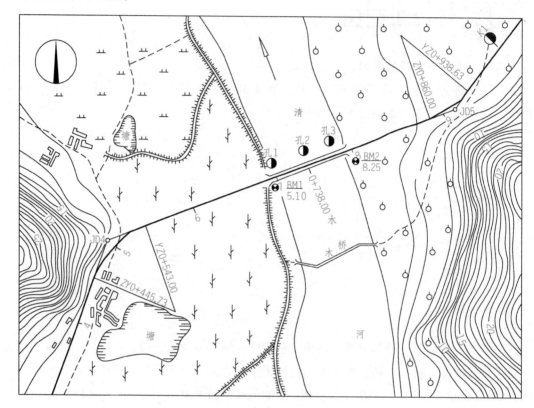

图 11-9　桥位平面图

11.2.2　桥位地质断面图

根据水文调查和钻探所得的地质水文资料，绘制桥位所在河床位置的地质断面图，包括河床断面线（用粗实线绘制）、最高水位线、常水位线和最低水位线，钻孔的位置、间距、孔口标高和钻孔深度，土壤的分层（用细实线绘制），以便作为设计桥梁、桥台、桥墩和施工时计算土石方工程数量的依据。地质断面图为了显示地质和河床深度变化情况，特意将纵向比例比横向比例放大数倍画出，高度方向常采用 $1:100 \sim 1:500$，水平方向 $1:500 \sim 1:2\ 000$。

如图 11-10 所示，地形高度的比例采用 $1:200$，水平方向比例采用 $1:500$。结合图样与资料表可看出，桥梁西台里程桩为 $K0+693.00$，东台里程桩为 $K0+783.00$；桥位所在处桥梁地质与水下河床的岩层分布情况，如编号为 $ZK1$ 的钻孔孔口地面高程为 1.15 m，钻孔深度 15 m，与编号为 $ZK2$ 的间距为 40 m，沿深度方向的地质状况依次为黄色黏土、淤泥质亚黏土、暗绿色黏土等；图中还表明了河床断面线和水位线，如洪水位 6.00 m、常水位 4.00 m 和最低水位 3.00 m。

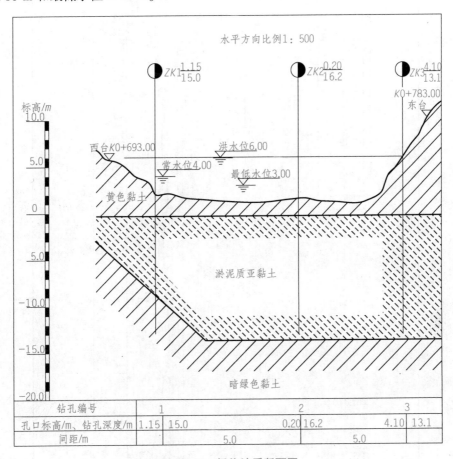

图 11-10　桥位地质断面图

11.2.3　桥梁总体布置图

桥梁总体布置图是表达桥梁上部结构、下部结构和附属结构三部分组成情况的总图，主要表明桥梁的型式、孔数、跨径、总体尺寸，各主要部分的相互位置及其里程与高程，桥梁各部分的标高、材料数量、总的技术说明等，此外，河床断面形状、常水位、设计水位以及地质断面情况等都要在图中示出，作为施工时确定墩台位置、安装构件和控制标高的依据。桥梁总体布置图包括立面图、平面图和横剖面图，桥梁总体布置图常采用 1∶50~1∶500 的比例，横剖面图可较立面图放大 1~2 倍画出。

图 11-11 为一座总长度为 90 m、中心里程为 0+738.00 的五孔 T 型桥梁总体布置图，它由立面图、平面图和剖面图综合表达。立面图和平面图的比例均为 1∶200，横剖面图则为 1∶100。

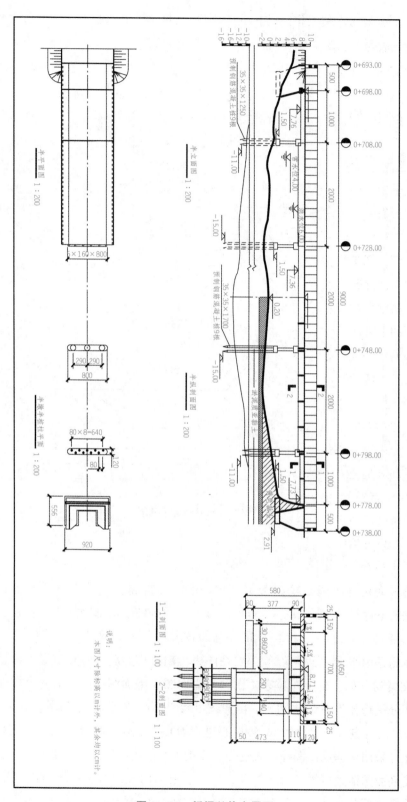

图 11-11　桥梁总体布置图

1. 立面图

采用半立面和半纵剖面图的合成图，图中反映了桥梁的特征和桥型，共有五孔，两边孔跨径各为 10 m，中间三孔跨径各为 20 m，桥梁总长为 90 m。因比例较小，人行道和栏杆简略画出。

1）下部结构。两端为重力式桥台，河床中间有四个柱式桥墩，它由基桩、承台、立柱和盖梁组成。左边两个桥墩画外形，右边两个桥墩画剖面图，桥墩的上盖梁、下承台系钢筋混凝土结构，因比例较小（≤1：200），断面涂黑表示；立柱和桩按规定画法，即剖切平面通过轴的对称中心线时，仅画外形不画材料断面符号。

2）上部结构。上部为简支梁桥，两个边孔的跨径均为 10 m，中间三孔的跨径均为 20 m。立面图左半部分梁底至桥面之间，画了三条线，表示梁高和桥中心处的桥面厚度，右半部分画剖面，把 T 形梁及横隔板断面涂黑画出。

立面图下面部分反映了河床地质断面及水文情况，根据标高尺寸可以知道，桩和桥台基础的埋置深度、桥底、桥台和桥中心的标高尺寸。由于混凝土桩埋置深度较大，采用折断画法。图的上方还标注了桥梁两端和桥墩的里程桩号，供读图和施工放样使用。

立面图的左侧设有标尺（以 m 为单位），以便于绘图时进行参照，也便于对照各部分标高尺寸来进行读图和校核。

2. 平面图

平面图的左半部分画出了桥梁上部的桥面板与人行道投影轮廓，还有栏杆、立柱的位置。右半部分采用分层画法来表示下部的支承结构的平面形状。对照立面图，0+728.00桩号的右面部分是把上部结构揭去之后，画出半个桥墩的上盖梁及支座的布置，可算出共有 12 块支座，布置尺寸纵向为 50 cm，横向为 160 cm。在 0+748.00 的桩号处，桥墩经过剖切，显示出桥墩中部是由三根圆柱组成。在 0+768.00 的桩号处，显示出桩位平面布置图，它是由九根方桩所组成，图中还注出了桩柱的定位尺寸。最右端是桥台的平面图，可以看出是 U 型桥台，采用省略画法（画图时，通常把桥台背后的回填土揭去，两边的锥形护坡也省略不画），目的是使桥台平面图更为清晰。这里为了施工时挖基坑的需要，只注出桥台基础的平面尺寸。

3. 横剖面图

横剖面图是由半 1-1 剖面和半 2-2 剖面合并而成。从图中可看出桥梁的上部结构是由六片 T 型梁组成，左半部分是跨径 10 m 的 T 型梁，高度尺寸较小，支承在桥台和桥墩上面；右半部分是跨径为 20 m 的 T 型梁，高度尺寸较大，支承在两桥墩上。还可以看到桥面净宽 7 m、人行道宽两边各为 1.5 m 以及栏杆、立柱的位置尺寸。为了更清楚地表示横剖面图，允许采用比立面图和平面图更大的比例画出。

为了使剖面图清楚可见，每次剖切仅画所需的内容，如 Ⅱ-Ⅱ 剖面图中，按投影理论，后面的桥台部分亦属可见，但由于不属于本剖面范围的内容，故习惯不予画出。

桥梁总体总体三维示意图如图 11-12 所示。

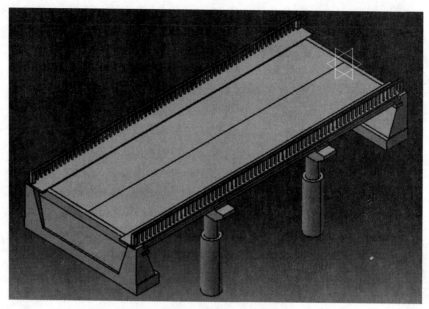

图 11-12　桥梁总体布置三维示意图

11.2.4　构件结构图

在总体布置图中，因比例较小，桥梁的各个构件都没有全面详尽地表达清楚，因此仅凭总体布置图是不能进行施工的，为此还需要用较大比例将各个构件的形状、构造、尺寸都完整地表达出来，这种图称为构件结构图或构件图，也称详图，如桥台图、桥墩图、主梁图和护栏图等。

1. 桥台图

桥台是桥梁的下部结构，一方面支承梁，另一方面承受桥头路堤填土的水平推力，防止路堤填土的滑坡和坍落。桥台大体上可分为重力式和轻型式桥台两大类。

如图 11-13 所示为常见的重力式 U 型桥台，它由台帽、台身和基础三部分组成，台身由前墙和两道侧墙垂直构成 "U" 字形结构。桥台的构造由纵剖面图、平面图和侧面图分别表达。

1）纵剖面图。立面图是从桥台侧面与线路垂直方向所得到的投影，能较好地表达桥台的外形特征以及路肩、桥台基础标高。采用纵剖面图代替立面图，表达桥台的内部构造和建筑材料，桥台基础采用 $M7.5$ 浆砌块石砌筑，墙身采用 $C20$ 块石混凝土。

2）平面图。采用掀掉桥台背后填土、设想主梁尚未安装而得到的水平投影图，这样就能清楚地表示出桥台的平面形状 "U" 形以及基础、前墙、侧墙、台帽各部分的平面位置。

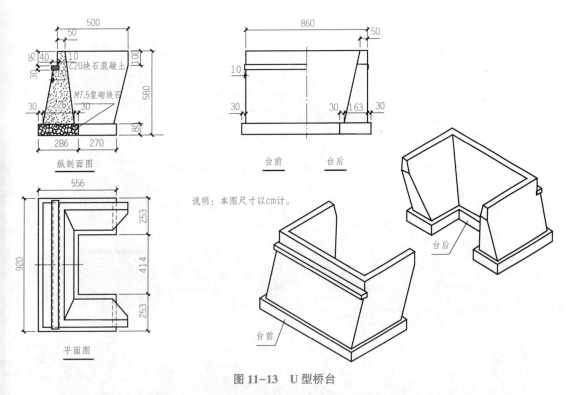

图 11-13　U 型桥台

3）侧面图。侧面图是半台前和半台后的合成视图。所谓台前，是指人站在河流的一边，顺着路线观看桥台前面所得的投影图；所谓台后，是站在堤岸的一边，观看桥台背后所得的投影图。

2. 主梁图

主梁是桥梁的上部结构，图 11-11 的钢筋混凝土梁桥分别采用跨径为 10 m 和 20 m 的装配式钢筋混凝土 T 型梁。如图 11-14 所示为跨径为 10m 的一片主梁骨架结构图。钢筋布置图由立面图、跨中断面图、钢筋成型图和钢筋明细表来表达，其中①号 2φ32 受力钢筋、③号 2φ22 架立钢筋和⑦φ8 的箍筋绑扎成钢筋骨架，⑧号 8 根 φ8 的钢筋主要是增加梁的刚度及防止梁发生裂缝，箍筋间距除跨端和跨中外，均等于 26 cm。②④⑤⑥均为受力钢筋，与钢筋骨架焊接。图中注出各构件的焊缝尺寸，如 8 cm、16 cm 及装配尺寸 60 cm、78 cm、79.7 cm 等。焊缝的表示方法详见钢结构图。下方为钢筋成型图，反映了 8 种类型钢筋的下料尺寸和成型形状；钢筋明细表中详细统计了一片梁的钢筋用量，为钢筋预算提供依据。

在画图的时候，在跨中断面中可以看出钢筋②和①重叠在一起，为了表示清楚也可以把重叠在一起的钢筋用小圆圈表示，图 11-14 主梁骨架图上①③号钢筋和②④⑤⑥号等钢筋端部重叠并焊接在一起，但画图的时候故意分开来画，使线条分清以便于读图。

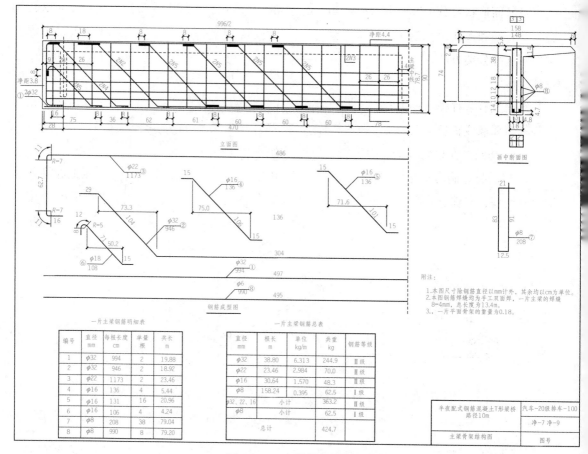

图 11-14　主梁骨架结构图

11.3　涵洞工程图

涵洞是宣泄小量水流、横穿路堤的工程构筑物，它与桥梁的区别在于跨径的大小。根据《公路工程技术标准》（JTGB01—2003）的规定，凡单孔跨径小于 5 m 以及圆管涵、箱涵不论管径或跨径大小，孔径多少，均称为涵洞。

11.3.1　涵洞的分类与组成

1. 涵洞的分类

涵洞按建筑材料可分为砖涵、石涵、混凝土涵、钢筋混凝土涵、陶瓷管涵等；按洞顶有无填土可分为明涵（洞顶无填土）和暗涵（洞顶填土大于 50 cm）；按水力性能可分为无压涵（水面低于洞顶）、半压力涵（水面淹没入口）和压力涵（流水充满整个洞身）；

按洞身断面形状可分为圆形涵、卵形涵、拱形涵、梯形涵、矩形涵等；按孔数可分为单孔涵、双孔涵和多孔涵；按洞身构造类型可分为圆管涵、盖板涵、拱涵、箱涵等，公路工程常采用这种分类方法。

2. 涵洞的组成

涵洞虽有多种类型，但其组成部分基本相同，都是由基础、洞身和洞口组成，洞口又由端墙、翼墙或护坡、截水墙、洞口铺砌和缘石等构成。

（1）基础。在地面以下，起防止沉陷和冲刷的作用。

（2）洞身。洞身是涵洞的主要部分，它的主要作用是承受荷载压力和填土压力等将其传递给地基，并保证设计流量的水流通过的必要孔径。它的截面形式有圆形、矩形（箱型）、拱形三大类，如图 11-15 所示。

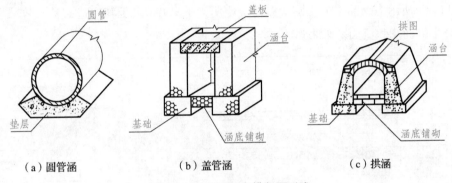

（a）圆管涵　　　　　（b）盖管涵　　　　　（c）拱涵

图 11-15　涵洞洞身横断面形式

（3）洞口。洞口是设在洞身两端，用以保护涵洞基础和两侧路基免受冲刷，使水流顺畅的构造，包括端墙、翼墙、护坡等。一般进出水口均采用同一形式，常用的洞口形式有端墙式和翼墙式（又名八字墙式）两种，如图 11-16 所示。

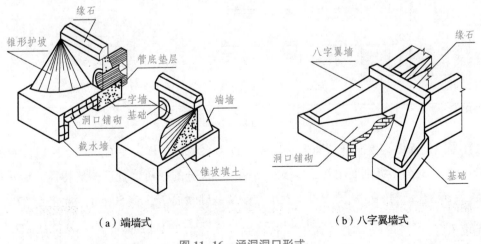

（a）端墙式　　　　　　　　　　　　　（b）八字翼墙式

图 11-16　涵洞洞口形式

11.3.2 涵洞工程图的表达方法

1. 涵洞工程图的图示特点

涵洞是窄而长的工程构筑物，以水流方向为纵向，从左向右，以纵剖面图代替立面图。为了使平面图表达清楚，画图时不考虑洞顶的覆土，常用掀土画法，需要时可画成半剖面图，水平剖切面通常设在基础顶面处。侧面图也就是洞口立面图，若进、出口形状不同，则两个洞口的侧面图都要画出，也可以用点画线分界，采用各画一半合成的进出口立面图，需要时也可增加横剖面图、或将侧面图画成半剖面图，横剖面图应垂直于纵向剖面。

2. 涵洞工程图示例

图 11-17 所示为钢筋混凝土圆管涵洞，比例为 1：50。由于其构造对称，故采用半纵剖面图、半平面图和侧面图来表达。

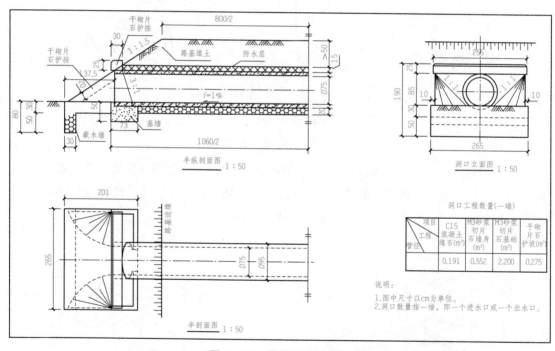

图 11-17　圆管涵洞工程图

1）半纵剖面图。因洞身断面形状不变、进出水洞口一样、左右对称，所以以对称中心线为分界线只画半纵剖面图就足以表示出涵洞各部分的相对位置、构造特征、形状尺寸以及各部分所用的材料。从图中可以看出，端墙基础断面 73 cm×50 cm、墙身高（75+10+10）cm、背坡坡度 3：1；缘石断面 30 cm×25 cm；洞身涵管内径 75 cm、壁厚 10 cm（（95-75）/2）、涵身长 1 060 cm；洞底铺砌厚 20 cm，设计流水坡度 1%，防水层厚 15 cm，路基宽度 800 cm，路基覆土厚度大于 50 cm，属于暗涵；洞口前铺砌厚度 30 cm，截水墙深

80 cm、宽 30 cm，锥形护坡顺水方向的坡度与路基边坡一致，都是 1∶1.5，并用干砌片石铺面 20 cm 厚。各部分所用材料在图中用材料图例表达出来，但未表示出洞身的分段及沉降缝的位置，可查阅涵洞标准设计图进行施工。

2）半平面图。为了同半纵剖面图相配合，故平面图也只画一半。在半平面图中，将路基填土视为透明体，将洞身、洞口基础、端墙、缘石、洞口前铺砌和护坡的平面形状及尺寸表达出来。为了与半纵剖面图保持长对正的关系，画出路基边缘线，并用示坡线表示路基边坡的坡向。锥形护坡的坡面也用示坡线以放射状方式表示，且用干砌片石符号表示铺面。

3）侧面图。洞口侧面图按习惯常称为洞口立面图，主要表示管涵孔径和壁厚，洞口端墙基础、墙身，缘石的侧面形状和尺寸，锥形护坡的横向坡度，以及路基边缘线的位置和路基边坡的坡向等。为使图形清晰可见，把土壤作为透明体处理，并且某些虚线未予画出，如路基边坡与缘石背面的交线和防水层的轮廓线等。

11.4　隧道工程图

隧道是指用作地下通道的工程构筑物。隧道工程图主要表示它的位置外，它的构造图主要用隧道洞门图、横断面图（表示洞身形状和衬砌）及避车洞图等来表达。

11.4.1　隧道的组成

隧道主要由洞门、洞身衬砌和附属结构等部分组成。

洞门位于隧道出入口处，主要用来保护洞口土体和边坡稳定，防止落石，排除仰坡流下来的水和装饰洞口等，它由端墙、翼墙及端墙背部的排水系统所组成。隧道洞门大体上可分为环框式、端墙式、翼墙式和柱式，如图 11-18 所示。

洞身衬砌是洞身内承受围岩压力、维持岩体稳定、阻止隧道周围岩土变形的永久性支撑物，由拱圈、边墙和铺底（仰拱）组成。拱圈位于隧道顶部，呈半圆形，一般都是由三段圆弧构成，也称三心拱。边墙位于隧道两侧，承受来自拱圈和隧道侧面的土体压力，分直墙式衬砌和曲墙式衬砌。位于直墙式衬砌底部的称铺底，位于曲墙式衬砌底部的称仰拱。

附属建筑物是指为工作人员、行人及运料小车避让列车而修建的避车洞；为防止和排除隧道漏水或结冰而设置的排水沟和盲沟；为机车排出有害气体的通风设备；电气化铁道的接触网、电缆槽等。

（a）环框式　　　　　　　　　　　　　（b）端墙式

（c）翼墙式　　　　　　　　　　　　（d）柱式

图 11-18　隧道洞门的形式

11.4.2　隧道工程图的表达方法

现以图 11-19 所示的端墙式隧道洞门图为例来说明识读方法。隧道洞门图主要有正立面图、平面图和剖面图。

1. 正立面图

正立面图是洞门的正立面投影，不论洞门是否对称均应全部绘制。该图反映出洞门形式、洞门墙及其顶帽、洞口衬砌断面的形状。洞门墙和隧道底面被洞门前面两侧路堑边坡和公路路面遮住，故用虚线表示。

2. 平面图

平面图是隧道进口洞门的水平投影图，采用折断画法，只画出洞门外露部分的投影，主要表示洞门墙顶帽的宽度、洞顶排水沟的构造及洞门口外两边沟的位置。仰坡及两侧路堑采用标高投影中的示坡线表示，增强图纸的可读性。

3. 1-1 剖面图

从立面图编号为 1 的剖切符号可知，1-1 剖面图是用沿隧道中心线的侧平面剖切后所得。它仅画靠近洞口的一小段，从图中可以看出洞门墙的倾斜坡度、洞门墙厚度、排水沟的断面形状及材料、拱圈厚度及材料断面符号、铺底的材料及厚度等。

为便于读图，图中还在三个投影图上对不同的构件分别用数字进行标记，如洞门墙①'

①①″，洞顶排水沟为②′②②″，拱圈为③′③③″，顶帽为④′④④″等。结合三个投影图可看出：

（1）衬砌的类型及大小。从正立面图可看出衬砌断面轮廓是由两个不同的半径的三段圆弧（$R=385$ cm 和 $R=585$ cm）和两直边墙组成，属于直墙式，拱圈厚 45 cm，洞口衬砌净空尺寸高 740 cm，宽 790 cm。

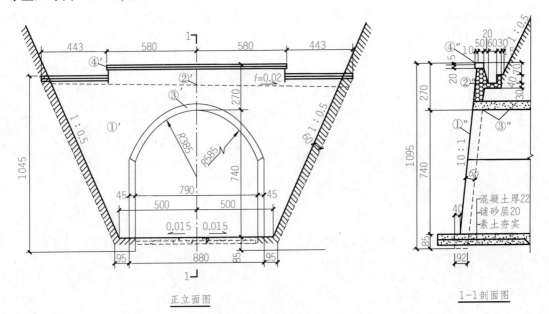

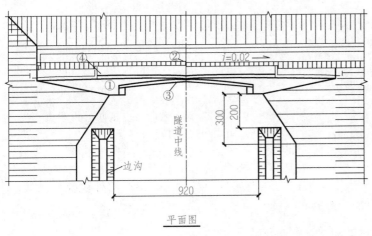

图 11-19　端墙式隧道洞门图

（2）洞门墙的形状及大小。由正立面图和 1-1 剖面图可知，洞门墙的形状为一个纵卧的斜柱体，顶部呈中间高两边低的台阶状，上面盖有帽石。洞门墙顶部宽度为 2 046 cm（443 cm+580 cm+580 cm+443 cm），底部宽度为 1 070 cm（95 cm+880 cm+95 cm），中部高度为 1 095 cm，两边高度为 1 045 cm，墙面倾斜坡度 10∶1，墙厚度为 60cm。帽石断面为 60 cm×25 cm，前面和两侧有 10 cm×5 cm 的抹角。

（3）顶水沟的形状及位置。由正立面图可知，洞门墙的顶部后面有一条自左往右倾斜的虚线，并注有 $i=0.02$ 箭头，为顶水沟的底部，这表明顶水沟的排水坡度为 2%，箭头表示流水方向。由 1-1 剖面图可知，顶水沟的断面为直角梯形，沟深 40 cm，沟底宽度 20 cm，前壁是直的，后壁倾斜，后壁厚度为 60 cm，底部厚度为 30 cm。

（d）洞顶仰坡及两边路堑坡度。由正立面图可知两边路堑坡度为 1∶0.5；由 1-1 剖面图可知洞顶仰坡坡度也为 1∶0.5。

参考文献

[1] 冷超群，宋军伟，王鳌杰. 土木工程制图[M]. 北京：中国建材工业出版社，2016.

[2] 于春艳，胡玉珠. 工程制图[M]. 北京：化学工业出版社，2015.

[3] 胡云杰，庞朝辉，吴桂莲. 土木工程制图[M]. 西安：西北工业大学出版社，2017.

[4] 鲁屏宇，田福润. 工程制图[M]. 武汉：华中科技大学出版社，2008.

[5] 孙靖立，王成刚. 画法几何及土木工程制图[M]. 武汉：武汉理工大学出版社，2008.